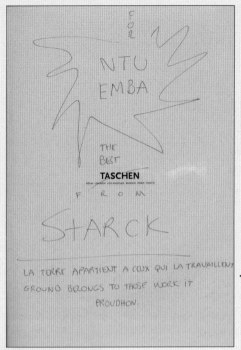

▲史塔克對亞洲的代工廠發出「耕者有其田」的呼籲：不要讓自己的命運被所謂的世界知名公司擺布，應該站出來創造自有品牌。
（▲左：史塔克；右：作者劉順仁教授）

小華盛頓棧一樓是餐廳部，二樓是擁有15間套房的客房部。室內裝潢由英國著名的舞台設計師愛文思（Joyce Evans）負責。有趣的是，她完全靠紙上作業，從未到過現場。

「漂亮的廚房才能做出可口的菜餚，」歐康諾表示。他堅持廚房必須有精緻的擺設與布置。他的長褲以大麥丁犬（他擁有一對愛犬）的斑紋為裝飾。
（中：歐康諾；左：作者劉順仁教授）

小華盛頓棧的廚房開了一大片窗戶，窗戶外是精心整理過的花園。歐康諾希望工作夥伴隨時看得到綠葉，嗅得到花香。

管理要像一部好電影

要像一部好電影

靈活創造企業競爭力　　劉順仁◎著

管理要像一部好電影
——靈活創造企業競爭力

目錄

〈推薦序〉

看到的，不只是一部好電影！

許士軍

元智大學講座教授
台灣評鑑協會理事長

　　當讀者閱讀這本《管理要像一部好電影》時，像我這個年歲的人，可能會記起大約在四十年前（也就是大學聯招制度開始實行不久的年代），就有這麼一個「假如教室像電影院」的國文作文題目。顯然地，這一題目代表一種期待：如果同學們抱著像進電影院的心態走進教室，該有多好！儘管劉教授的新著書名和這題目十分神似，但是它提供讀者的，並不只是一種期待，而是一個實實在在的承諾。

　　本書所談的，不是一部電影，卻要比任何一部電影還精彩。書中提到的，有古埃及金字塔的建造、戰國時代的商鞅變法，以及英王亨利五世如何以寡擊眾等歷史故事；也有米開朗基羅與達文西鮮為人知的趣事：前者接下西斯汀禮拜堂和教皇陵墓的創作工作時，索取了天價酬勞；後者還曾打算為跨越歐

亞大陸的博斯普魯斯海峽設計橋樑。讀者還會讀到許多藝術家的故事，主角包括了舉世聞名的大提琴天才馬友友、國內前輩畫家林玉山老先生，當然也少不了提到多位歌王，如卡羅素、紀里、帕華洛帝等人成名背後的軼事。

讀者更想不到的是，書中還出現劉備兵敗當陽長阪的一幕，也提及金庸小說《倚天屠龍記》，尤其是武當派叛徒宋青書和其師叔俞蓮舟交手的情節。劉教授從這些令人目不暇給的故事中找出管理涵義，不禁讓人深深為他的見多識廣、才思敏捷而驚嘆。譬如說，在探訪小華盛頓棧（一家鄰近美國謝南多厄國家公園的餐廳）的歸途中，他為當時的景色所感動，因而賦出李白「暮從碧山下，山月隨人歸」的詩句。巧的是，我曾在該地附近生活一年多，若不是讀了這本書，我還不曉得「謝南多厄」（Shenandoah）的印第安語擁有「星星的女兒」這麼美的意義。

誠如作者所承諾，他想讓讀者有如看場好電影般，從書中學習管理概念。除此之外，劉教授也真的舉出許多膾炙人口的電影，例如赫本主演的《第凡內早餐》、福曼執導的《阿瑪迪斯》，當然也少不了讓李安獲得殊榮的《斷背山》。

然而，畢竟這是一本探討管理會計如何應用於管理實務的書。《管理要像一部好電影》欲達到的目的，是讓讀者從一個故事接到另一個故事、一個場景換到另一個場景，在看得津津

有味、讀得入神之時，不知不覺地領略到作者想說明的管理觀念和道理。劉教授真正要告訴讀者的是：管理會計這一工具如何協助企業「反省策略，溝通策略，進而發揮強大的執行力」；如何「建構適當的誘因機制」；如何「分配決策管理權力」。此外，對於當前大眾關切的「創新」議題，劉教授給予更特別的著墨。經由法國創意設計大師史塔克之口，劉教授強調「找到自我」乃是創新的根源：人們應該深入了解自己的過去和當前處境，如此才能「深耕心中那塊創新的福田」，這也才是真正屬於自己的「核心能耐」。他還指出：創新要從「問有趣的問題」開始；創新代表「一種有深度的抄襲」；創新的先決條件乃是「策略上的專注」。這些言簡意賅的陳述，可說是給予「創新」一針見血、鞭辟入裡的詮釋。

　　本書之所以不同於一般同類書籍，乃是藉由「看電影」般的精彩故事，讓人自然地、透徹地領略管理學的道理。透過埃及金字塔的建造工程，劉教授說明了專業團隊和高度授權組織的重要性；他以達文西畫作「蒂班琪肖像」為例，說明該畫能顛覆西方肖像畫傳統，是因為它納入了畫中人物的心理描繪，這與企業「解讀顧客」有著異曲同工之妙。為了說明成功策略必須具備的「獨特價值」，劉教授也以當代人物為例，例如冠德建設馬玉山先生（也是修習台大EMBA學程的成功企業家）與幹部在颱風天的表現；為強調現代企業對顧客的重視，劉教授

借用鄧麗君小姐的名曲＜我只在乎你＞，將概念加以延伸，尤顯巧思。

任何不朽的歷史人物和創作能為人們傳誦和懷想，就是因為它們蘊藏的意義。本書選擇的各個故事，目的正是凸顯它們的管理涵義。透過這種不同凡響的表達方式，作者在闡述管理問題和管會的應用時，讓他獲得更開闊的天地來奔馳、更豐富的題材來採擷。因此，《管理要像一部好電影》得以超越制度和方法的層次，昇華至哲理層次。

這樣一本不一樣的管理書籍，必須像劉教授這樣不一樣的學者才能寫出。說真的，我們在這本書領略到的，豈不正是作者表現出那種深厚學養、淵博見識和洋溢才華的「自我」！

好評推薦

魏永篤

勤業眾信會計師事務所總裁

我的職業生涯大部分時間都從事會計師業務，之後幾年則專注於事務所的經營管理，如何「做對的事」、如何「把對的事情做對」，是我在管理面所須面對的極大挑戰。1967年，亦即我大四那一年，我選修了「管理會計」這一門課，該門課程的教學重心即是：自成本會計及財務會計所得之資訊，可作為管理者進行決策的參考。

閱讀劉順仁教授的《管理要像一部好電影》一書後，我感受到管理的創新精神，也深深認同作者在本書所倡議的「創造自我的獨特價值」。透過許多古今中外的故事，劉教授將管理的心法、招式及哲理，深入淺出地道來，讓人容易領會。本書論及的管會概念也透過實例來說明，對於從未修習管理會計課程的讀者，《管理要像一部好電影》化繁為簡，不但容易理解，更充滿閱讀樂趣。閱讀劉教授這本新著就像觀賞好電影，章章精彩，不容錯過。

好評推薦

葉公亮
富邦證券董事長

「管理」要像一部好電影，除了「劇情」（相當於企業為追求卓越所進行的管理活動等）必須引人入勝，還須透過「導演」（相當於經理人或管理者）的現場指導、「劇組人員」（相當於企業各部門）的全力支援，讓創意以獨特的方式來呈現，才能成就一部「企業巨作」。簡而言之，這部名為「管理」的電影，從開始拍攝到最終呈現，不但展現了創意、紀律與組織協同力，它也是一項藝術。

閱覽本書，劉順仁教授以貼近生活的案例、流暢的文筆，將管理者在實務上可能面臨的問題直接點出，也以深入淺出的方式讓讀者認識管理會計原理。在劉教授的筆下，管會理論不再令人望而生畏；而劉教授對於提升企業競爭力的獨到見解，更是許多管理者經常忽略、卻也是最重要與最基本的原則──必須找到自我，創造獨特價值。劉教授以「企業成功金字塔」為主要架構，並以「九大招式」作為企業創造競爭力所須修練的武功，從創造價值、傾聽顧客、管理成本、建立精實流程到

激勵創新，招招切中核心，皆是管理活動的重點所在。

　　現代的資訊科技日新月異，各式管理工具也推陳出新，因此管理者能透過更有系統的方式檢視公司營運狀況，以更精確的方式呈現經營成果。在經理人平日繁瑣的管理工作之外，持續吸收新知是所有管理者的基本功。劉教授融合專業知識與閱讀趣味，引導讀者進入管理會計領域，解析管會數字背後的意義，讓閱讀《管理要像一部好電影》的過程有如觀看一部精彩好片。本書不但提供管理者不同的思考方向，也能協助個人找出提升競爭力的方法，更是投資人與青年學子的絕佳工具書，在此推薦給廣大讀者！

管理要像一部好電影

靈活創造企業競爭力

劉順仁◎著

〈自 序〉

好管理要像好電影

　　1969年，英特爾（Intel）前總裁葛洛夫（Andy Grove）在他的筆記本上，黏貼了一篇叫做「激勵願景」的評論：「任何一個導演都必須掌控恐怖的複雜性。他必須熟悉音效與鏡頭的運用，哄騙大牌明星乖乖聽話，並讓參與的藝術工作者服氣。然而，一個大導演還必須有願景與能力，把這些變成一部激勵人心的完整作品！」年輕的葛洛夫大受感動，他在這篇短文上寫下幾個大字：「這就是我夢想的工作。」葛洛夫最後並沒有成為導演，但他所領導的英特爾，足以贏得好幾座「最佳經營績效獎」。

　　管理要像一部好電影，經理人拍它，投資人看它。拍電影的精華，在看不到的細節處；經理人的爆發力，累積於崇本務實的深耕中。看電影的享受，是它持續延燒的感動；投資人的滿足，則是財富長期的增長。前作《財報就像一本故事書》協助讀者解析代表企業經營成果的各種財報數字，是企業追求競爭力的「外功」。《管理要像一部好電影》則邀請您修練經理人創造企業價值的心法及招式，是企業追求競爭力的「內功」。這套內功奠基於管

理會計學，它的三大要素是**成本、創新、聯結**。

成本，是競爭成敗的關鍵因素

被喻為「台灣壓克力之父」的許文龍，於1953年以200萬元創立了奇美集團。在奇美創業的早期歷史中，有一段「許文龍大戰謝水龍」的精彩故事。

謝水龍是個富商，霸氣十足，慣用削價競爭逼退敵手。一旦對手退出市場，謝水龍立刻調漲三倍價錢，賺取暴利。在早期的壓克力市場，由於許文龍的苦心經營，他在短時間內就打開知名度，但也引起謝水龍的覬覦。許文龍明白他沒有削價硬拚的本錢，思索一番之後，他找到了謝水龍的罩門。

謝水龍的工廠生產方式落伍，1天僅能生產20片左右的壓克力板。為了省事，謝水龍以「論重量」的方式販售壓克力板，忽略了「薄板耗工，厚板省工」的基本道理。5片1厘米與1片5厘米，謝水龍的工廠都賣同一種價錢。實際上，薄板的人工成本較厚板高出許多，良率也較低。許文龍謀定而後動，不但不降價，甚至還提高薄板價格，將薄板客戶全數推給謝水龍。結果謝水龍薄板做得愈多，虧得愈多；工廠趕貨的結果，造成品質日益低落。3個月後，當初倒向謝水龍的大客戶紛紛回頭找奇美進貨，謝水龍也因為不堪虧損，退出壓克力市場。

這是台灣企業早期成本管理實務中，最經典的一場戰役。殺價競爭是市場中最常用的手段，卻是競爭策略中最粗淺的手法。許文龍利用壓克力產業的成本特性、掌握產品的實際成本，成功

因應對手的削價競爭策略，打贏這場經典之役。由此可見，透徹地了解成本、活用成本，是管理會計的入門功夫（關於成本管理制度，詳見第六章）。

創新，常滋生於挫折與沉悶處

1985年8月21日，筆者抵達美國賓州西部大城匹茲堡，開始博士生生活。第一眼看到這個「世界鋼都」，心中實在失望。由機場到學校，沿路散布著許多廢棄工廠，建築物大都被煤煙燻得黝黑骯髒。當地人感嘆地說，鋼鐵業已經被日、韓兩國擊潰，流失了90%的工作機會，匹茲堡變成一個衰敗的城市。後來，我前往費城的賓州大學拜訪朋友，他不斷叮嚀我必須提高警覺：不久前，一位香港籍博士生被誤以為是日本人，在校園裡被2個失業汽車工人用球棒活活打死。1980年代，日本車大肆攻占美國市場，使得底特律三大汽車廠大量裁員。這個血腥事件的發生，顯示美國工人階層的挫折感與憤怒。

讀者會在本書中發現，美國的鋼鐵業及汽車業都曾是重要管理思維和技術的搖籃。一旦它們停止學習、成長，競爭力很快就衰敗。然而，在最悲觀的時候，匹茲堡的周遭企業在動力設備、電腦軟體設計、金屬處理等新興業務上，開始悄悄滋長，目前已茁壯成重要的產業聚落。原來，只要人們不放棄，創新的力量經常源自於挫折與沉悶處。而營造可以激勵創新的誘因與機制，便是管理會計的進階功夫。

人才，除了競爭更要聯結

1930年代，美國在加州地區以科學方法生產葡萄酒，藉以對抗歐洲的舊勢力。業者認為，美國土地廣大是歐洲所沒有的競爭優勢，於是大力提倡「8×12」的栽種法（每株間隔12英尺，每行間隔8英尺），提供葡萄樹比競爭對手更寬鬆的生長環境。結果他們發現，即使葡萄產量大增，但品質不佳，只能釀造次等酒。打算進軍高級酒市場的酒商，只好回歸頂級法國酒莊傳統「4×4」密集式的栽種法，因為優質葡萄在成長的過程中，必須彼此競爭陽光與養分。競爭帶來卓越的品質，葡萄如此，人才的養成也不例外。

在競爭過程中淬鍊出來的人才，形成企業競爭力的基礎。但企業整體戰力的發揮，必須做到「聚焦聯結」。「聚焦」是找到一個可以創造獨特價值的著力點，「聯結」則是善用管理機制，協同每個人、每個部門的努力。以「聚焦聯結」來創造企業競爭力，即是集管理會計武功的大成。

看到數字背後的青山

透過本書，讀者會發現管理會計數字的背後還有一大片青山。

數字背後有思考方法

管理會計不只是產生數字的過程，它也代表管理的重要思考

方法。例如,**凡事要求衡量**(measurement):19世紀英國的物理學家凱爾文爵士(Lord Kelvin)說得好:「衡量是學習的開始,衡量培養精確的思考習慣。」以及**凡事要求解析**:在財報上,我們看到高度加總的數字(*如營收*),但要了解數字背後更深層的意義,我們必須不斷地分析其細節(*營收的顧客別、產品別、地區別等*)。

數字背後有創新精神

哈佛商學院曾對高階主管做過問卷,詢問他們「哪一項組織功能最不需要創新」,大約80%的人回答「會計」,人們對會計的刻板印象可見一斑。但是近20年來,管理會計學屢出新招,例如作業基礎成本制與平衡計分卡等工具,都具有高度的創新精神,並對實務界產生重大影響。

數字背後有精彩人物

在數字的背後,有一股來自於經理人的無形精神力量。不論是壓克力之父許文龍或鋼鐵大王卡內基、汽車大王福特,本書都希望透過管理會計的觀念分享,讓讀者接觸這些精彩人物的熱情與紀律。

本書架構

本書彙集10年來筆者教授台大EMBA「管理會計學」的精華,除了介紹管會的觀念和技術,筆者還希望能為讀者帶來像

企業成功金字塔

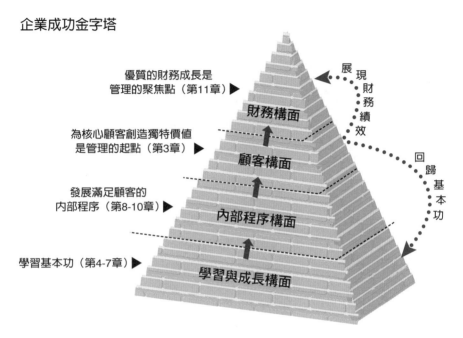

優質的財務成長是
管理的聚焦點（第11章）▶

為核心顧客創造獨特價值
是管理的起點（第3章）▶

發展滿足顧客的
內部程序（第8-10章）▶

學習基本功（第4-7章）▶

財務構面

顧客構面

內部程序構面

學習與成長構面

展現財務績效

回歸基本功

「看電影」一般的閱讀享受。

全書共分成三篇。第一篇是「心法篇」，包括第一章及第二章，以介紹管理會計背後的理念為主。第一章要求個人與企業面對一個最基本的問題：找到自我的「獨特價值命題」（unique value proposition）。第二章以古埃及金字塔的建構為師，強調企業必須以分享來創造凝聚力，分享範圍包括企業的願景、價值，以及構成管理體系的四大支柱──策略、資訊系統、誘因機制、決策權分配。

第二篇是「招式篇」，包括第三章到第十一章。筆者提出一個「企業成功金字塔」的概念，而管理會計的主要技術形成了「金字塔九大絕招」。這些招式有四個層次：

1. 萬般管理活動起源於傾聽顧客、發現顧客當前或未來潛在的需要（第三章）。

2. 崇本務實是建立長期競爭優勢的不二法門，這有賴個人與企業持續學習以下的基本功夫：降低成本的掠奪能力（第四章）；標準化的複製能力（第五章）；以簡御繁的穿透能力（第六章）；預見未來的先見能力（第七章）。

3. 企業必須建立精實流程，才能以最有效率及最獨特的方式服務顧客，這些關鍵流程包括供應鏈管理（第八章）、創新管理（第九章）與決策管理（第十章）。

4. 企業所有的管理活動及流程，最終必須表現在優質的財務成果上（第十一章）。

第三篇是「總結篇」。筆者以「群龍無首」來期勉企業招募、培育具高度榮譽感與責任心的經理人。最好的管理，就是不要管理。然而，這必須倚賴企業建立良好的制度，以及擁有自動自發的優質人才。

投資人也該懂管理會計

財報是投資決策的重要依據，但財報會被蓄意扭曲，連會計師或財務分析師都可能上當。投資人保護自己的另一種方法，是檢視企業是否實踐本書提出的管理心法及「金字塔九大絕招」。例如：（1）如果企業沒有「獨特價值」，其產品或服務就容易「商

品化」（指不具特色），不容易建立長期競爭優勢；（2）如果企業不重視基礎的管理功夫，或不能創造精實的流程，在經營規模擴大時，就會產生管理失序的現象，無法創造優質的財報數字。投資企業就是投資經營團隊，而本書可作為檢視經營團隊是否優秀、紮實的體檢表。

致謝

能夠完成本書，首先要感謝恩師黃鈺昌教授（目前執教於美國亞利桑那州立大學）。他使我深刻體認到，管理會計必須兼具紀律與創意。其次，我要感謝哈佛大學的波特教授（Michael Porter）。波特教授在極度繁忙的全球講學、顧問行程中，數度撥冗指導我寫作的方向。

台大EMBA學程於2006年正式邁入第10年。與歷屆EMBA同學切磋管理武功的美好經驗，是滋生這本書的肥沃土壤。我感謝所有協助我發展這些教材的台大EMBA同學，並希望這本書能在終身學習的道路上，和所有渴望提升自我競爭力的朋友歡喜做伴！

此外，時報出版的編輯團隊始終是我寫作時的好顧問。我特別感謝總經理莫昭平女士（台大EMBA第四屆），欠她一本書的壓力，是寫作非常現實的動力。總編輯林馨琴女士、主編陳旭華先生與執行編輯苗之珊小姐，一直不斷地協助我找到專業性與可讀性的平衡點。我的研究助理吳青倫、卓佳慶、黃英華，是我蒐集資料的好幫手，在此一併致謝。

　　最後，我要感謝我的妻子婉菁。我是個「加法」專家，容易招惹太多雜事；她是個「減法」高手，總要我聚焦單純，忠於自己，活出獨特價值。對於我，婉菁就像蕩漾人世中佛國漂來的清香白蓮，她是最美的一朵，也是最無私的一朵。這本書是「減法」的產物，被刪除最多的，是我陪伴妻子的時間。

　　謹以此書，獻給她。

第一篇　心法篇

01 創造自我的獨特價值
——跳出熱情與紀律的雙人舞

Production

2004年3月14日
台北國際貿易大樓34樓

| Date | Day/Night | Sync/Mute |

傍晚時分，由「台灣創意設計中心」主辦的演講剛結束，法國創意設計大師史塔克（Philippe Starck）站在窗口和我開聊。他那一口法式英語，眞像是披薩上黏稠的乳酪。

　　1949年，史塔克出生於巴黎，他的父親是飛機設計工程師。他從小就愛窩在父親的工作室，在那裡切割、黏合各種材料，拼湊成五花八門的實驗性作品。他深信「誠實」與「客觀」是設計的本質，而產品不該只是追趕流行，還應具有持久性及耐用性。過去20多年，史塔克多如繁星的作品及獨樹一幟的風格，使他成爲世界上最受推崇的設計大師之一。提到他爲義大利家飾大廠艾烈希（Alessi）設計的傑作「榨果汁器」（Juicy Salif）時，他半開玩笑地說：「雖然有人說它長得像長腳蜘蛛，甚至像外星人，但它還是可以用來榨柳橙汁的。只是恐怕會噴了一地！」

　　由國際貿易大樓34樓眺望台北夜景，史塔克興奮地對我描

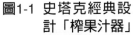
圖1-1 史塔克經典設計「榨果汁器」

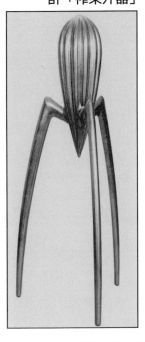

述，2003年他在紐約開會時的一次奇遇：「會議室在40幾樓，我把臉貼在玻璃窗上，俯瞰底下的中央公園。一隻老鷹在空中翱翔並朝我而來，牠張開幾乎有2至3公尺寬的雙翼，銳利的雙眼直瞪著我。人與鷹隔窗對峙，雖然只有幾秒鐘時間，這份美感卻彷彿永恆……。」

我試著把他從天馬行空的思緒中拉回來，詢問他對培養、激勵台灣創意設計人才有什麼建議。他直截了當地回答：「**找到自我！**」（Find your own identity!）史塔克認為，太多年輕的心靈毀於長期模仿，好的設計師必須探索自己的過去是什麼、現在的處境為何、未來的願景怎麼樣、設計出的東西是什麼人使用、這群使用者的思考習慣、周遭的社會與文化環境又是如何等等。愈想創新，就愈該了解自己的過去和所處環境，因為那是自我的根源。

史塔克不斷強調創造力的重要性。創造力是一個有點神秘的領域，它來自於痛恨齊一規格與追求個人獨特性的強烈渴望。創造力不只是一種技能，它更是一種價值觀及生活態度。稍可寬慰的是，關於如何培養創造力，1949年諾貝爾文學獎得主福克納（William Faulkner, 1897-1962）提供一個平易近人的看法：「創造力像是肌肉，隨著使用而增長。」

　　2003年10月，著名的企管暢銷書作家畢德士（Tom Peters）出版了《重新想像！》（Re-imagine!）一書。和愛因斯坦一樣，畢德士大力鼓吹「想像比知識重要」，他向讀者拋出一個挑戰：重新想像什麼令你這個人具有獨特性。這句話和史塔克「找到自我才有競爭力」的見解，有著異曲同工之妙。為了競爭，個人或企業致力於追求「標竿」（benchmark）或「最佳實務」（best practices）。這些管理工具的確對提升效率有幫助，但企業可能因為互相模仿，失去原創性與獨特性，最後反而變得沒有競爭力。因此，別忽略自己內在的聲音：什麼是我具有最多熱情的事；什麼是我具有最大才能的事；什麼是我願意花費終身之力去完成的事。我想這些都是找到自我的必修課吧！

　　史塔克笑著對我說：「我的很多朋友都很認真地賺錢，但他們好像都比我窮。我為熱情與興趣而工作。我發現，當我的作品能取悅自己，它就能取悅我周遭的一小群人。有趣的是，全世界許多人的喜好和我周遭那一小群人相同。網際網路真是奇妙的東西，在網路上，全球史塔克迷即時歌頌我做對的每件事，也毫不留情地咒罵我做錯的每件事。」

　　臨別前，我請史塔克在他的作品集扉頁上留下一句話。史塔克振筆直書：「La terre appartient à ceux qui la travaillent.」這句話是18世紀法國思想家普魯東（Proudhon, 1809-1865）的名言，英文翻成：「Ground belongs to those work it.」中文不妨就翻成大家耳熟能詳的「耕者有其田」吧！在高度競爭的全球化環境中，我們的確必須深耕心中那塊充滿創新可能的福田！

*

　　在這本書，我希望能陪伴讀者，一同認識許多目前仍被廣泛應用的管理會計觀念與技術。這些都是過去一個世紀由產業發展過程淬鍊出來的智慧，絕對能加強個人與企業的競爭力。它們不是教科書裡死板的公式或計算，而是鮮活、有創意的思考方式。因此，本章將探討如何以最獨特的自我、最鮮活的方式，來感動或發掘潛在顧客。

藍脊山脈下味蕾的歡呼

　　我曾以這個案例，開始我在台大EMBA教授的「管理會計」課程。

　　沿著212號公路西行，開著舊貨車前往謝南多厄國家公園（Shenandoah National Park）的歐康諾（Patrick O'Connell），深受維吉尼亞州的鄉間魔力所震撼。正前方，形成謝南多厄國家公園骨幹的藍脊山脈（Blue Ridge Mountains）正籠罩在薄霧中。路旁的黃色小野菊連綿幾百公尺，牛群靜靜地啃著青草，一捆捆乾草散落在丘陵上。花香、草味、黃澄澄的午後陽光，時間彷彿靜止。歐康諾十分鍾情這份大城市罕見的鄉野情趣、培育美國前四位總統的人文傳統，也熱愛那一座座散布於鄉間的小農莊。

　　突然間，歐康諾看到一個小路標——華盛頓維吉尼亞（Washington Virginia）。這個小鎮建立於1786年，只有150位居

民。它是如此迷你，因此維吉尼亞人暱稱它為「小華盛頓」（Little Washington）。這裡幾乎沒有任何商業活動，離華盛頓特區（Washington, DC）120公里，約一個半小時車程。200多年來，小華盛頓靜靜地偎傍在謝南多厄國家公園旁。謝南多厄的印地安語原意是「星星的女兒」，而小華盛頓是星星之女頸間遺落的一顆小珍珠。

此時一個狂想躍入歐康諾腦海：「我能在小華盛頓開家頂級餐廳嗎？這家餐廳可以讓世人分享我對廚藝的熱情，顧客還能優游於維吉尼亞的鄉間美景，品味小華盛頓遺世獨立的情趣。」餐廳約莫80個座位，套餐定價120至150美元。另外還需外加酒錢（頂級餐廳的美酒與美食同等重要）、25%的小費以及4.5%的維吉尼亞州稅金。

一個企畫案正在成形：在荒野中打造世界頂級餐廳。

這是開玩笑嗎？經過分組討論，經歷豐富且思維縝密的台大EMBA同學，對歐康諾的奇想做了以下評論：「熱情有餘，理想太高，不切實際。誰會開一個半小時的車到一個偏僻的餐廳，吃一頓動輒超過200美元的晚餐呢？」這正是歐康諾創業初期最常聽到的批評。

小華盛頓棧（The Inn at Little Washington）創立於1978年，它幾乎囊括所有美國餐飲業的主要榮譽：大華盛頓地區美食導覽權威《查格評鑑》（*Zagat Survey*）有史以來首度滿分的評價，以及爾後每年評比的總冠軍；美國汽車協會（AAA）旅遊導覽五顆星評價；比爾德（James Beard）全國最佳餐廳及主廚獎等榮譽。

　　歐康諾不是餐飲科班出身,他在大學時代主修戲劇與表演。他在歐洲遊學的那一年,改變了他的一生。在法國的時候,他發現有名的廚師像藝術家般被人尊敬、像傑出運動員般被人崇拜,內心大受感動。大學畢業後,歐康諾搬到維吉尼亞鄉間一處農莊過著隱居的生活,尋找人生的方向。他自己種菜,每天由菜園取得食材來烹調,疲倦的時候就在山溪中沐浴,唯一的「老師」是他自圖書館借來的食譜。他日以繼夜地練習烹調,朋友嘲笑說,他身邊的任何東西都會被送上砧板,恐怕連寵物也不例外。

　　歐康諾於1972年開始做外燴生意,專門替謝南多厄峽谷附近的居民準備宴會食物。累積了一點資金和口碑後,1978年1月28日,小華盛頓棧在風雪中開幕。開幕第二週,《華盛頓郵報》出現這樣的評論:「許久許久才有這麼一家餐廳出現,它好得令你擔心──擔心食客擠破大門。」從此,小華盛頓棧的業績開始起飛。

　　那麼小華盛頓棧的下一步呢?歐康諾在開店一年後,歇業一個月,前往法國拜訪幾位米其林二星級以上的主廚。回憶這次「朝聖之旅」,歐康諾說:「卓越的餐廳必須使顧客在接觸的瞬間感受一種魔力。這種魔力來自所有工作夥伴的了解與認同:一頓美妙的晚餐,具有改變人一生的力量。」奮鬥10年後,《國際先鋒論壇報》將小華盛頓棧選為世界10大餐廳之一,而歐康諾的聲譽與法國米其林三星級主廚並駕齊驅。

　　餐廳開業6年後,顧客熱烈要求小華盛頓棧增加住宿服務。歐康諾於是展開環球取經之旅,第一站前往英國,了解大莊園如何管理,接著是學習歐洲頂級旅館的經營方式。在小華盛頓棧客房

部準備營業的前兩個星期，貸款銀行的總經理信心動搖，臨時通知取消整修貸款。此外，小華盛頓棧也被要求，必須在一個星期內歸還100萬美元貸款。歐康諾拿著客房部的設計藍圖，前往華盛頓特區沿街拜訪銀行，為那筆數日內即將到期的100萬美元做最後努力。銀行放款經理一個個睜大雙眼，他們不敢相信：有人竟想在如此偏僻的小鎮開設頂級餐廳、設置頂級客房。就在歐康諾接近絕望的時候，最後一家銀行的經理興奮地對他說：「你們來自小華盛頓棧嗎？那是我們總經理最喜歡的餐廳。」歐康諾終於拿到貸款，小華盛頓棧不僅存活下來了，還成為荒野中的傳奇。

比起大企業，小華盛頓棧的規模迷你，但它致力於創造獨特的價值。策略大師波特清楚地指出，效率的提升並不是策略。由於產品或服務的高度同質性，成本降低及競爭增加都會破壞價格，進而摧毀獲利。因此，策略定位的重點不在於尋求最好（best），而在於尋求獨特性（uniqueness），並以一套環環相扣的組織活動來維續這種獨特性。

小華盛頓棧的成功便是結合創意美食、精緻服務、優美裝潢、寧靜小鎮、藍脊山脈的自然美景、維吉尼亞州純樸的鄉野風情等因素，創造出一種無法複製的用餐經驗。即使位置偏僻本是競爭劣勢，但沿路的田園景色讓一個半小時的去程充滿期待——遠離城囂，迎接美妙的晚餐。享受盛宴後，回程寧靜漆黑的公路上，有著「暮從碧山下，山月隨人歸」（李白詩）的空寂，也提供人們分享用餐心得的機會。謝南多厄峽谷附近的精緻農牧場提供有機、新鮮、豐富的食材，更協助歐康諾將創意發揮得淋漓盡致。

　　歐康諾對廚藝的看法是：「一頓美好的晚餐有著療傷的效果，它讓你覺得生命是值得的。」這樣的觀點乍聽之下有些誇張，但小華盛頓棧分析客源時意外發現，在如此高的單價下，主要的顧客並非豪門巨富，而是一般中產人士，甚至是中下階級。他們慕名而來，在那裡慶祝結婚紀念日、生日、子女大學畢業等各個重要日子，而他們此生可能只有一次造訪經驗，美妙的一餐會是這些顧客永遠的回憶。

　　2002年，當我第一次見到歐康諾時，小華盛頓棧已經營業24年了。一旦談起餐飲，歐康諾的眼神依然充滿熱情與興奮。歐康諾自比為交響樂團的指揮，每晚餐廳6點開張前，他必須先品嘗140多種食材或調味料，確定味道不走樣，這個步驟就有如樂團的「調音」。歐康諾的「指揮台」面對服務生的端菜走道，他堅持每一道菜他都必須先看過或試過味道才能出菜。耐煩、注重細節、追求完美，20多年如一日。藝術家的熱情加上嚴格的紀律，這個組合看似矛盾，卻完美地融合在歐康諾身上，造就小華盛頓棧持續的成功。

　　「大學時代我立志當一個演員，但餐廳提供我另一個舞台。我是製作人、導演、舞台設計師，外加第一男主角。用餐區輝煌優雅，廚房裡忙亂緊張，我的舞台每晚上戲，沒有哪一幕戲會重複。在這兒，我找到生命和現實世界的聯繫。」歐康諾對自己的風格做了生動的描述：「對我而言，追求完美比不上追求自己獨特的聲音（find my own voice）那麼有趣！」

獨特的聲音
——馬友友的「絲路之旅」

1972年，哈佛大學出現一位修習人類學的年輕大提琴手。他每一年在校園舉辦幾場音樂會，而每次音樂會的門票馬上一搶而空。對於那些買不到門票的樂迷，他會在演出當晚的7點半左右，邀請他們進入演奏廳的側廳，爲他們演奏巴哈組曲，直到8點正式上台爲止。他大學時代的室友塔歇爾（Janet Tassel，現爲著名心理醫師）經常對他發出讚嘆：「眞不知道這傢伙哪來這麼多熱情！」這位年輕的大提琴手，就是著名的華裔大提琴家馬友友（Yo-Yo Ma）。

2005年12月的英國BBC《音樂》（Music）雜誌中，50歲的馬友友激起一陣驚嘆：「對不同的樂迷來說，從來沒有一個音樂家代表這麼多的層面！」的確，對某些人而言，馬友友代表了巴哈的大提琴作品（Bach Cello Suites）；對另一群人而言，馬友友代表了阿根廷的探戈音樂，或者是李安電影《臥虎藏龍》中大提琴描繪的江南景致。但是樂評家普遍認爲，馬友友最爲獨特的代表作，是他自1998年起進行跨國、跨文化的「絲路計畫」（Silk Road Project）。馬友友如此解釋絲路計畫的「使命」：「音樂是表現性藝術，它幫助每個人發掘自我的最深層。我發現，不同國度的聲音其實同屬於一個世界。」

對於他的多樣性與獨特性，馬友友表示：「現在沒有人在成長過程中只聽一種音樂。持續地深入學習，對維繫音樂生命不可

第1章
創造自我的獨特價值

或缺。當我能把資訊變成知識，再轉變成演奏中充滿熱情的片段時，我感受到鮮活的生命！」

「絲路計畫」出版的第一張專輯《絲路》（*Silk Road: When Strangers Meet*），包括了伊朗傳統樂器演奏家卡勒（Kayhan Kalhor）及琵琶演奏家吳蠻等人跨刀。《絲路》專輯上市後引起熱烈迴響，除了迄今不間斷的世界巡迴演奏邀約外，專輯還在美國排行榜上蟬聯12週冠軍。

這種跨文化的音樂體驗，帶來莫大的心靈解放。馬友友說：「在絲路計畫中，我看到大師們以各種不可思議的技巧來表演或即興演奏。有過這種經驗之後，再回來演奏貝多芬的奏鳴曲，我感到多麼自由奔放！」

馬友友的虛心態度與其驚人的文化包容力，來自他獨特的成長經歷。他出生於巴黎，7歲移居紐約，9歲進入茱莉亞音樂學院，師承羅斯教授（Leonard Rose）。馬友友不甘於只做一個演奏家，因此他17歲時進入哈佛大學攻讀人類學與考古學，甚至親自前去非洲學習當地民族音樂。這些豐富的經歷，日後都成為他創新的養分。

馬友友認為：「了解是一件事，但能與他人溝通，讓他們也同樣了解，才是音樂的真正目的。試圖把有意義的事傳達給他人，正是我生活的基礎！」顯然，在跨文化的溝通中，在無畏的音樂嘗試中，馬友友找到自己最獨特的聲音。

無畏的自行車
——挑戰極限的阿姆斯壯

　　2005年7月23日，全世界的體育媒體爆出一陣歡呼，因為來自美國德州的阿姆斯壯（Lance Armstrong, 1971-）史無前例地連續7次獲得環法自行車賽（Tour de France）個人冠軍，成績為86小時15分又2秒，比第2名選手快了4分多鐘。環法賽是人類體能極限的挑戰，比賽期間近3星期，全程分為20站，共計約3千3百公里。選手由平地出發，中途必須急速爬升阿爾卑斯山超過2千公尺以上的路段。下坡時自行車時速超過1百公里，山路崎嶇，險象環生，不少好手輕則互撞受傷，重則墜落山谷喪生。

　　33歲的阿姆斯壯在賽前就宣稱，這是他職業生涯的最後一次比賽。能以7連霸的成績光榮退休，的確值得驕傲，但是阿姆斯壯最被傳頌的，是他走出死亡幽谷的奮鬥精神。1996年，年方26歲的阿姆斯壯被診斷出罹患末期癌症，癌細胞已經擴散到肺葉及腦部。在密集化療及精密的腦部手術後，阿姆斯壯奇蹟地存活下來，他決定繼續參加比賽。

　　阿姆斯壯能長期稱霸世界自行車體壇，除了優異的體能外，背後的管理因素非常重要，這些因素包括：

聚焦於單項運動

　　阿姆斯壯從青少年時期開始參加鐵人三項（triathlete，包括游泳、自行車與路跑），16歲那年他正式與成年組同台競爭。他在17

歲時發現自己最愛、也最有發展潛力的是自行車。從此之後，他選擇聚焦於單項運動。

優秀的車隊

阿姆斯壯的車隊有來自15個國家的好手。在比賽進行時，車隊成員最主要的任務，就是降低阿姆斯壯體能的消耗。例如，針對不同的風向與風速，車隊必須變換隊形，使阿姆斯壯被包夾在氣流阻力最小的位置；在最後衝刺時，車隊成員必須能阻擋其他競爭對手，減少他們對阿姆斯壯的威脅。在個人奪標的榮耀背後，流的是團隊的汗水。

卓越的訓練計畫

當阿姆斯壯自癌症中復原後，他更加重視訓練過程中運動醫學的應用。除了每天例行的公路訓練，他定期進行風洞測試，了解自己的騎車姿勢（例如背部彎曲程度），在不同的風向、風速下如何調整，才能讓阻力減至最低。在他運動時，訓練師評估26項重要的身體指標（類似企業的關鍵成功因素），也抽取血液進行分析，以便了解如何由飲食與訓練來不斷調整他的體能。

高科技的運動設備

阿姆斯壯也仰賴各種高科技的裝備，例如：

● 由耐吉（Nike）運動研究室設計的特殊碳纖維頭盔及運動鞋。

- 根據流體力學，緊身衣表面有類似高爾夫球表面凹凸不平的設計，用以降低風阻。
- 自行車車身以特殊碳纖維材質製造，車型通過嚴格的風洞模擬（由美商AMD協助研發），又輕又堅固。
- 車胎由比利時廠商提供，經過適當時間的儲藏（aging），以確保橡膠彈性處在最佳狀態。

不過，別以為阿姆斯壯騎得很輕鬆。一位體育記者曾問起他比賽時的感覺，他只吐出一個字：「Pain（痛苦）！」

＊

史塔克以創造力誘發人們的想像，歐康諾以廚藝觸動人們的味蕾，馬友友以琴聲撫慰人們的耳朵，阿姆斯壯則以意志撼動人們的心靈。而企業的目的，何嘗不是以產品或服務所創造的獨特價值來感動顧客呢？

PC通路策略的贏家

蘋果電腦執行長賈伯斯（Steve Jobs）是近幾年美國企業界最風光的領導人。賈伯斯於1997年回鍋領導蘋果電腦之後，蘋果的年度獲利大幅成長（由1997年9月的－104.5億美元到2005年9月的133.5億美元）。對蘋果電腦一度家道中落的窘境，賈伯斯檢討：「有一陣子，蘋果忘了自己是誰，只沉溺於賣舊產品賺大錢的思路中。」關於蘋果電腦近年的脫胎換骨，賈伯斯表示：「我們只是恢復了以前立志做出最酷、最棒電子產品的企圖心。」

　　賈伯斯是個敏銳的產業觀察家，他曾說：「蘋果和戴爾是個人電腦產業中少數能賺錢的公司。戴爾能賺錢是向沃爾瑪看齊，蘋果能賺錢則是靠著創新。」不過，賈伯斯沒有完全說對，在個人電腦產業中，近年還有另一個賺錢的公司──宏碁。

　　2005年10月19日，我擔任致遠會計師事務所（Ernst & Young）舉辦的第一屆台灣創業家大賽評審，在宏碁汐止總部訪問王振堂董事長。對於宏碁的未來，他低調但充滿信心地說：「我想我們應該找到了一個可以沿用多年的商業模式。」它就是由義大利籍總經理蘭奇（Gianfranco Lanci）發展出來，以「通路」為主的商業模式。

　　每天清晨，蘭奇由他最鍾愛的米蘭市出發，開一個多小時的車，前往瑞士度假勝地梅洛（Manno，即宏碁歐洲總部所在地）上班。1981年蘭奇大學畢業後，進入德州儀器工作。誰想得到，2004年9月1日，蘭奇升任宏碁電腦總經理，成為台灣企業由外籍專業經理人領導的第一人。蘭奇的成功之處，不僅在於4年內把宏碁的歐洲營收拉高5倍，並使筆記型電腦成為市占率第一名；更重要的是，蘭奇為宏碁找出一個聚焦於傳統PC市場、又能與戴爾直銷模式競爭的商業模式。蘭奇善加利用宏碁與通路商的合作關係，這個模式在歐洲已經證明成功，目前在美國及中國大陸市場也看到成效，而宏碁正全力將它複製到其他市場。當戴爾以直銷模式稱霸全球PC市場時（以企業型顧客為主），蘭奇能看到經銷商對一般消費者仍有不可取代的價值，進而發展出一套獨門武功，可見他的確有過人的慧眼。蘭奇甚至承諾，寧可降低利潤（利潤率不高於3％），也要和經銷商「有難同當」，因此獲得經銷

圖1-2 微笑曲線在新世紀的新應用

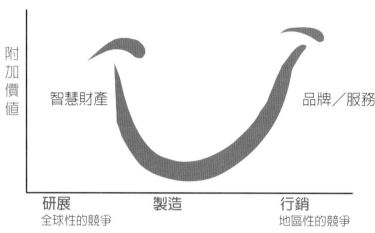

附加價值

智慧財產

品牌／服務

研展
全球性的競爭

製造

行銷
地區性的競爭

（資料來源：2003年4月23日施振榮演講投影片，電子時報整理）

商的大力支持。此外，蘭奇對品牌的深刻認識，也支持宏碁的品
牌價值能在施振榮先生的「微笑曲線」上不斷爬升。蘭奇認為：
「品牌不是廣告，而是全方位的承諾。它是從產品、顧客服務、經
銷據點、廣告，到終端消費者感受的完整體驗。」

價值鏈上處處可微笑

　　施振榮先生在1992年提出的「微笑曲線」，是描繪台灣產業發
展願景的經典之作。施振榮認為，一個企業的定位在價值鏈兩端
（左邊是智慧財產，右邊是品牌／服務）才能產生較高的附加價
值，中間位置（製造）的附加價值最低。對於激勵台灣企業建立
品牌、追求較高的附加價值，「微笑曲線」極有說服力。但企業

不宜以過度簡化的心態來看待「微笑曲線」，因為擁有品牌不代表擁有較高的獲利，只有強勢品牌才能擁有超越同儕的獲利。

舉例來說，通用汽車（General Motors）的北美市場占有率不斷下降，由1980年的50％下降到2005年的26％，2005年更發生高達106億美元的鉅額虧損，可能發生倒閉風險的耳語在華爾街迅速傳播，而通用在這半個世紀以來一直是美國汽車業第一品牌。反過來說，鴻海精密（以下作鴻海）和台灣積體電路（以下作台積電）因為「製造服務」的卓越表現，已成為顧客不可或缺的夥伴，雖然不是直接面對消費者的品牌，大部分時間仍能維持20％以上的股東權益報酬率。由此可見，對企業而言，重點不是企業的位置在價值鏈的**哪一段**（where），或是提供**什麼產品或服務**（what），而是**如何**（how）提供具有獨特價值的產品或服務。

好管理像拍一部好電影

2006年以《斷背山》奪得78屆奧斯卡最佳導演獎的李安，一向謙虛低調。但是在記者會中被問及成功的秘訣時，他表示：「我不好意思說，其實我就是比較會拍電影，這也是沒辦法的事。」在李安的自傳《十年一覺電影夢》一書中，他描述自己由伊利諾大學轉念紐約大學電影研究所的心路歷程：「我一讀電影就知道自己走對了路。」他的回答讓我想起2005年過世的管理大師杜拉克（Peter Drucker）。杜拉克在他的經典論文「自我管理」（Managing Oneself）中，對知識工作者提出了建言：「成功會迎向那些了解自己、了解自己的長處與價值、了解自己如何工作會

圖1-3

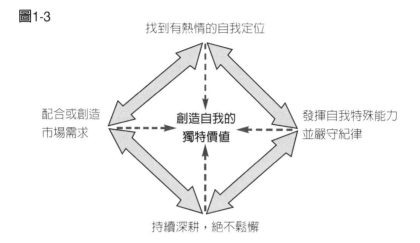

最有效果的人。」早在40年前，另一位鑽研領導學的著名學者布勞爾（Paul Brower），在其「認識自己的威力」一文中也有類似看法。他認為，「傑出領袖和普通領袖的最大差異，不是能力的不同，而是在於自我了解的不同。」擁有強烈的自我認知，才容易發展真正屬於自己的核心能耐（core competence）。李安談及電影題材的選擇時表示：「不恐怖（scary）、不敏感（sensitive）的題材我不選！」他強調，要切進好萊塢，他必須尋找新鮮的題材，否則同樣的電影路線，他一定比美國電影工作者容易吃虧。李安說：「我絕對不能跟別人一樣，我的骨子裡面就是不一樣。」

此外，管理活動是團隊作戰，只靠少數領袖是不夠的。奪得同屆奧斯卡最佳電影配樂獎的阿根廷籍作曲家桑托拉托（Gustavo Santaolalla），對於他為《斷背山》的創作，他自述：「這是一部非常寂寞的電影。我企圖用簡單的吉他聲與延長的樂符來表達這種寂寞！」一個好的電影配樂者，會以電影的整體精神來創作最合

適的音樂，而不會炫耀自己的獨特風格。這就如同傑出的經理人
會以團隊整體利益為考量，以具有創意的方法為企業創造價值。

＊

透過本章討論的案例，我希望和讀者分享一個看法：不論是
個人或企業，追求獨特價值是走向創新型經濟的首要課題（見圖
1-3）。在追求獨特價值的過程中，最能勝出者通常具有以下這些
特徵：能找到讓自己揮灑熱情的定位（不論是創意設計、餐飲、
音樂或資訊產業）、發揮自己的特別能力（想像力、味覺、音感、
體能等）並嚴守紀律、傾聽市場發出的需求之聲（叫好又叫座），
並以持續深耕來鞏固長期競爭優勢。在隨後的章節中，我將進一
步說明管理會計所發展出的觀念與技術，這些觀念與技術就是協
助企業創造獨特價值的有效工具。

參考資料

- Janet Tassel, "Yo-Yo Ma's Journeys," *Harvard Magazine*, March-April 2000.

- "The Seed of Apple's Innovation," *BusinessWeek*, October 12, 2004.

- John Attanas, *Yo-Yo Ma: A Life in Music*, J. G. Burke, 2005.

- "Silk Road to Success," *Music*, November 2005.

- 施振榮，《宏碁之世紀變革：淡出製造，成就品牌》。台北：天下文化。2004。

- 宏碁集團，1999年至2005年6月之合併報表。

- 李安洛杉磯華文媒體記者會，2006年3月6日。

02 學習金字塔永生的承諾
——用分享創造企業的凝聚能量

Production

1999年8月19日
開羅南方吉薩高原／埃及

Date   Day/Night   Sync/Mute

在超過攝氏40度的沙漠裡，著名埃及考古學家哈瓦斯（Zahi Hawass）率領著超過100人的團隊，在開羅南方的吉薩高原（Giza Plateau）上小心翼翼地挖掘。壯碩黝黑的哈瓦斯，在埃及被戲稱為「地下總統」。他主持的高等古蹟委員會（有3萬名員工與4千名考古學家），管理著4千多年前埋葬在這片沙漠下的輝煌文明。

在古夫法老王（Khufu, 2590-2567 B.C.）的金字塔旁，哈瓦斯挖掘出一個小金字塔，裡頭的墓室金碧輝煌，令人驚艷。建造金字塔一向被視為是法老的特權，然而該墓室並不屬於法老。哈瓦斯原以為，他找到埃及史上最偉大的祭司、金字塔創始者印和闐（Imhotep, 2680-2650 B.C.；在美國電影《神鬼傳奇》中被醜化成惡靈）的墓室。他在考究墓室主人的名字時，赫然發現主人竟只是一個建築金字塔的工頭。西方歷史學之父希羅多德（Herodotus, 487-425 B.C.）認為，金字塔是由超過10萬名奴隸、每3個月更換

一批工人並耗費20年建築而成。但哈瓦斯的發現讓我們了解，金字塔不是靠奴隸完成的法老之墓，而小金字塔（墓室）則是法老對「員工」慷慨分享的「贈與」。

古埃及的每一分子──上至法老、祭司，下至平民百姓──畢生最大心願就是追求永生，而法老就是每一個埃及人邁向永生之路的守護神。因此，從法老登基的第一天起，金字塔建築團隊就緊鑼密鼓地進行工程，為法老構築永生的殿堂。祭司擔任建造金字塔的總指揮，因為他們了解讓法老進入永生的宗教禮儀與規範。祭司召集專業技術官僚，討論金字塔如何建置、確認建築藍圖，並「委託」專業團隊（如建築師、數學家、天文學家等）指揮興建事宜。這些專業團隊能全權招募人工、訂購材料、分配工作，是一個高度授權的自律性組織。

吸引這個專業團隊的最大力量，就是他們可以蓋一個屬於自己的小型金字塔，讓他們也能追求永生。法老甚至會主動撥款，讓那些興建金字塔有功的人員來建造他們的墓室。著名的賽內珍姆古墓（Sennedjem，法老拉姆西斯二世〔Ramses II, 1279-1213 B.C.〕在位時的工匠），便極為富麗堂皇。至於一般低階工人的墓室裝潢比較簡單，他們沒有錢把自己做成木乃伊，但全身會用亞麻布包著，曲身側躺，臉部朝東，頭頂對著正北，讓自己與不朽的北極星交會。

技術官僚的管理團隊授權範圍大、待遇優渥；更重要的是，他們認同「以法老永生為核心」的埃及主義。以現代的管理術語來說，法老與管理階層的目標一致（goal congruence）。為了建造如此雄偉的建築，分工是首要之務。例如，一群人負責鋪設室內

的花崗岩屋頂，另一群人負責蓋幕式的圍牆等。建築工人分爲若干大隊（crew），每個大隊分爲5小隊（physe），每個小隊又再細分爲數個小組（division），每個小組約爲20人。如此，龐大的2萬名勞工部隊，就能適當地分配工作及督導考核。此外，每個小隊都有自己的名稱（例如「綠二」、「大一」等），有一個小隊甚至還取名叫「完美」。考古學家推想，區分工作小隊的可能原因有以下兩個：

以小隊競賽來提升效率

在金字塔團隊中，每一個工作小隊約爲200人，有如一個責任中心，他們必須對自己負責建造的部分負責。由於建築金字塔是一件相當辛苦、單調的工作，他們常舉辦小隊競賽，籍由競賽的趣味提高工作士氣。競賽的獎品包括了埃及人最喜愛的啤酒、香水等。

進行標竿管理與預算控制

每個大隊分配到的工作具有同質性（如分成金字塔南面大隊、北面大隊等），以便相互進行標竿評比（benchmarking），掌握興建進度。古夫金字塔的建築日誌便顯示，大隊間的標竿評比相當有效。工程師會不斷測量金字塔各個牆面的斜率（應爲52度）與長度，若有偏差就立即修正。此外，有些隊長因爲預算接近赤字而備感壓力，一直不斷想法子減少呆工或廢料。他們有預定的工程進度及財務預算，還要處理轄下工人的突發狀況。根據記載，埃及工人每天都要擦了香精才肯出門，某日因香精供應不

及，導致工人集體罷工，最後緊急調貨才平息眾怒。

＊

知名埃及學家亞倫（Jame Allen）說得好：「埃及人真正輝煌的成就，不在於他們懂得處理巨大的石塊，而是他們懂得如何管理這麼龐大的勞動力。」在哈瓦斯隨後的挖掘中，他又發現了建築金字塔的工匠村落。工匠以麵包、啤酒、洋蔥為主食，村落每天宰殺、燒烤11頭牛和33頭羊，也設有急救站照顧受傷的人，一些工匠的頭骨上，甚至有動過腦部手術的痕跡。評估這些證據之後，哈瓦斯表示：「如果你問我工人為什麼建造金字塔，我會說：最重要的原因是他們熱愛法老和背後的埃及主義。」

＊

我相信金字塔「永生的承諾」具有深沉的管理智慧。在這一章，我將討論管理會計的「金字塔基底」，它是一個以組織的承諾能力為中心，以策略聚焦、資訊溝通、誘因連結及決策權分配作為四個支柱的管理體系，也是管理會計技術背後最主要的觀念架構。

信守承諾的力量
——我給諾貝爾獎得主85分

2004年10月11日，瑞典銀行宣布凱德蘭（Finn Kydland）教授得到2004年的諾貝爾經濟學獎。一聽到這個消息，就把我的思緒拉回1986年的美國賓州匹茲堡。

1985年秋天，我進入匹茲堡的卡內基美隆大學（Carnegie-

Mellon University，簡稱CMU），攻讀公共政策學博士。不久後，我得知任教於商學院的凱德蘭教授需要一個助教，幫他處理大學部總體經濟學的考試和作業。為了賺點小外快，我前去應徵。他知道我修課成績良好，所以給了我這份工作。

在我批改學生的第一份小考考卷前，凱德蘭教授十分慎重地約我見面討論。對大學部學生而言，他的考試相當困難，我們便謹慎地逐題討論答案及給分原則。回去之後，我為了給新老闆一個好印象，除了針對每個問題給分外，我還加上詳細的更正意見。在這些考卷當中，有一份卷子頗令我傷腦筋。這個學生看來很聰明，每個答案都直指核心觀念，但是其中的邏輯推導卻稍嫌粗糙。更糟的是，這個學生竟然沒寫名字。過了幾天，我將閱畢的考卷交還凱德蘭教授，順便報告一下特殊案例。我拿出這份不具名的卷子，向他表示，我覺得這個學生相當聰明但不夠認真，我還寫了一段勉勵學生的話，最後決定給他85分，比全班平均分數要好一點。凱德蘭教授接過這份答案卷，臉上露出尷尬的笑容：「對不起，我忘了告訴你，這一份是我給你的參考答案。我認為你的分析技術沒問題，所以只提示重點，不寫細節，更忘了寫名字！」過了5秒鐘，他便爽朗地大笑：「哈！哈！我的確答得不清不楚。能拿到85分，你還真是手下留情了！」當下我真想挖個地洞躲起來。如今回想，自己倒覺得頗有成就感。凱德蘭教授能獲得諾貝爾獎，說不定跟我的勉勵有點關係。

記憶中，我和凱德蘭教授曾有一次很長的對話，聊了一整個下午，那時我向他請教他1977年發表的論文「要規則不要權衡」（Rules Rather than Discretion）。在這篇文章中，他強調人們對政策

理性的預期，會使得許多政策達不到預期效果。舉例來說，當廠商及工會預期政府將採用擴張性政策來增加就業，並造成較高的通貨膨脹時，廠商會提前提高售價，工人也會提前要求更高的工資。因此這種政策對增加就業沒有幫助，只是造成無謂的通貨膨脹罷了！凱德蘭教授認為，與其用所謂「最適」（optimal）的決策（亦即根據經濟體系當時的現實狀況，做出最好的決定），不如設立簡單易懂的「規則」。例如，限定中央銀行的使命純粹為安定金融、避免通貨膨脹，不必負責刺激經濟成長。凱德蘭教授也指出，最重要也最困難的部分，在於政策制定者能對這套遊戲規則「信守承諾」（commit），不能任意偏離。諾貝爾委員會在凱德蘭教授的得獎說明中，最先提到的正是這篇「要規則不要權衡」的經典論文。

　　凱德蘭教授的這種想法，在管理上也很重要。幾年前，我曾受邀至某上市公司，對高階經理講述績效評估的相關議題。我主張銷售人員必須擔負回收應收款的責任，不能只是按照銷售業績給予獎金，因為他們對客戶的判斷對公司信用風險影響很大。演講結束後，該公司一位副總對我說，他們原來的制度設計也是如此，但是年底扣除倒帳費用後，發現有些資深銷售人員的績效獎金慘不忍睹，因此不了了之。當高階經理人不能嚴格「信守承諾」、堅持當初設定的遊戲規則，那麼理性的員工自然就不理會這些規則了。後來該公司衝營收衝出問題，造成週轉不靈，險些倒閉，我也就不感到意外了。

＊

　　秦朝的商鞅變法（359 B.C.與350 B.C.兩次變法），是「信守

承諾」獲得重要成果的好例子。據史學家司馬遷所記載（《史記‧商君列傳》），商鞅得到秦孝公全力支持，變法的相關法令雖已制定，還未頒布實行。商鞅怕百姓不相信政府變法的決心，便在當時國都櫟陽的集市南門，立起一根三丈長的木杆，並下令說：若有人將它移至北門，便賞金十兩。百姓對此議論紛紛，但沒有人敢動手去搬。商鞅於是又宣布：「移動此木者，賞金五十兩。」最後才有一個人半信半疑地拿著木杆到了北門，他立刻獲得五十兩重賞。這件事一傳十、十傳百，官府的威信便在全國迅速建立。之後，商鞅才下令在全國頒布變法法令。

然而，有沒有可能，對方就是不相信遊戲規則能被信守呢？我曾半開玩笑地向台大EMBA男同學拋出一個問題：「如果你太太說：『請坦白告訴我，你在外面有沒有交女朋友！我只是想知道真相，保證絕對不會生氣。』請問你們會怎麼辦？」在一陣哄堂大笑後，我得到的回答相當一致：「抵死不招！」因為所有的男同學都不相信太太們能信守這種承諾。

對於抵死不招的策略，一位男同學分享了他太太的一個絕招。有一天半夜，他突然被太太用力搖醒。他睡意尚濃，搞不清楚出了什麼事。他的太太詰問他：「我都知道了，你還不趕快說出來！」他情急之下，只好坦白：「我有幾雙沒洗的襪子還壓在地毯下！」他的太太終於露出笑容：「喔！原來你最大的罪行不過如此。」

對企業而言，建立「信守承諾」的文化，可以避免許多降低效率的管理機制。然而，若碰到對員工道德操守挑戰太高的情境，光靠「信守承諾」的機制，可能仍無法解決問題。這個時

候，管理會計就會像這位同學的太太一樣，發展出一些有創意的處理方法。

創造策略核心組織

簡單地說，策略就是一個組織「贏的方法」，要能創造**策略核心組織**（strategy-focused organization），才容易致勝。我的祖先劉備（可是有族譜記載的！）其事業興衰，正足以說明策略核心組織的重要性。

劉備於東漢靈帝末年（約A.D. 188-189）開始「創業」。早期他沒有清楚的策略，之所以有追隨者，主要是因爲他創造了一個「情義核心」組織。晉陳壽的《三國誌》記載（＜蜀書‧先主傳第二＞），西元207年，曹操北伐烏桓部落，劉備曾建議當時的荊州州長劉表趁機襲擊許都，但劉表沒有接受。隔年劉表去世，曹操對荊州發動南征，接任州長的劉琮（劉表之子）選擇歸降曹操。劉琮爲求自保，未將此事通知劉備，劉備被迫單獨面對曹操的攻擊。

於是劉備展開大逃亡，追隨部眾多達十餘萬，隨行的行李車更高達數千輛。但是，部眾當中有作戰能力的士兵十分稀少，他們每日只能前進10餘里。此時有人向劉備進言，行軍速度必須加快。一向以「情義」作爲中心思想的劉備，仍不失其敦厚本色：「夫濟大事必以人爲本，今人歸吾，吾何忍棄去！」曹操聽到劉備逃走，挑選精銳騎兵5千，疾行一日一夜3百餘里，在當陽長阪追上劉備。劉備被迫拋妻棄子，與諸葛亮、張飛及趙雲等人，在數十騎兵護衛下逃走，其餘人馬輜車則全被曹操虜獲。此後便是

《三國演義》的精彩橋段：張飛於長板橋一夫當關、趙雲單騎救幼主等。失敗之後的劉備，全心接受諸葛亮三分天下的策略，轉型成「策略核心組織」。這個組織型態才採行13年，劉備就脫離喪家之犬的窘境，成為蜀漢的開國之君。劉備在晚年時期又走回「情義核心」的老路，才會在關羽為吳國所殺後，力排眾議，堅持討伐吳國，終於兵敗，在白帝城抑鬱病逝。

值得提醒讀者的是：管理會計的重點並非直接制定企業策略，而是協助企業反省策略、溝通策略，進而發揮強大的執行力。

資訊是管理的基礎

沒有好的資訊、沒有自資訊提煉出的智慧，就不可能有好的管理。讓我們看看下面幾個例子。

美軍的資訊戰爭

2003年3月的「伊拉克自由行動」（Operation Iraqi Freedom），是個快節奏的軍事行動。美國陸軍快速越過幼發拉底河谷（Euphrates），直攻巴格達。當時負責部隊後勤補給的史圖茲將軍（Jack Stultz）苦笑說：「別說把補給品送到，就連確認部隊的正確位置都是一大挑戰。」為了克服這種困難，美軍每一個戰鬥單位都必須攜帶轉頻器（transponder），所有的補給品貨櫃都貼上無線射頻（radio frequency identification，簡稱RFID）標籤，以確認部隊與補給品的即時位置。這些在當時都是最先進的技術，也是

美軍與全球營業額最高的沃爾瑪共同研發的成果。即時掌握資訊，才能使整個部隊與後勤系統按照作戰計畫運作。美軍指揮官法蘭克斯（Tommy Franks）將軍這麼說：「我們靠速度狙殺（speed kills）！」

贏球靠智慧，不光靠銀子

在2005年美國大聯盟賽季，奧克蘭運動家隊（Oakland Athletics）贏取一場比賽的代價大約是62萬美元，而紐約洋基隊（New York Yankees）卻要花上219萬美元。為什麼呢？運動家隊總教練畢恩（Billy Beane）分享了他的訣竅。由於奧克蘭的市場不大，球隊預算有限，他不能像洋基隊那樣花上千萬年薪簽下大牌球星。於是，畢恩思考著如何利用有限預算去贏取最多的勝場數。畢恩僱用迪波德斯塔（Paul DePodesta）擔任他的助手，迪波德斯塔畢業於哈佛大學經濟學系，深信數據和機率的威力。

他們發現，跟球隊得分最有顯著正相關的是球員上壘率，而不是令人熱血沸騰的全壘打數或高打擊率。奧克蘭運動家隊於是在市場上以便宜的價格，鎖定一些打擊率不到三成、但選球能力與克制力強，且擁有超過聯盟平均上壘率的球員。畢恩大量採用機率與數據作為選擇球員的評估指標，因此奧克蘭運動家隊才能在2001年、2002年以排名大聯盟倒數前三名的薪資總額，連續兩年拿下100勝，戰績名列前茅。

互信是資訊分享的先決條件

　　1980年代晚期，寶僑（P&G）總裁史莫爾（John Smale）打電話邀請華頓（Sam Walton，沃爾瑪創辦人），前往辛辛那提市討論合作的可能性。當時沃爾瑪是寶僑最大的顧客，寶僑是沃爾瑪最大的供應商，彼此都發現對方非常難纏。史莫爾認為，如果兩家公司能密切合作，彼此的績效都能提升。在數日的討論後，雙方發現最大的問題是彼此缺乏互信。雖然寶僑與沃爾瑪都是秉持高度誠信的公司，兩家公司的員工卻不願與對方分享公司內部資訊。畢竟這些員工一直被耳提面命，公司資訊是維持競爭優勢的關鍵，如果對方把資訊洩漏給競爭對手，公司可就災情慘重了。但是在深入溝通之後，史莫爾與華頓決定開誠布公，追求雙贏。

　　在這個建立互信的過程中，最早看到的改變，就是他們不再只依靠一位經理人來代表公司和對方溝通。他們在公司內部成立跨功能小組，推舉適當人選與對方代表對話，形成全面性互動。例如，沃爾瑪的應付帳款部門與寶僑的應收帳款部門直接對話，討論訂單與發票流程，以及確認資料格式。如此一來，付款資料就能直接在雙方電腦中流通轉換，減少不必要的人力輸入與檢查。1991年，沃爾瑪的資訊部門發展出零售連結（retail link）資料庫系統，讓供應商能在自己的辦公室，透過電腦讀取資料庫中自己商品的銷售細節（例如全美各店每年、月、日的銷售量）。這些資料每天更新8次，以隨時保持「鮮度」。供應商透過這套即時資訊系統調整生產計畫，並改善商品的研發。目前全世界還沒有

哪一家零售業者，有能力複製這種規模及功能的資訊系統。

康熙三大絕招防詐騙

清聖祖康熙在位61年，是中國皇朝罕見的英明君主。但是治理龐大的帝國，他面臨嚴重的資訊不對稱（information asymmtry）。因此，康熙以三大絕招處理這個難題。

● **絕招一：以自身經驗檢視合理性**。平陽知府秦朝曾自誇，他可以在一天內辦理七、八百件事。康熙狠狠地訓斥他：「朕臨政四十餘年，惟於吳三桂變亂之時，一日常辦事至五百餘件，然非朕親自操筆批發，尚至午夜始得休息。彼欺他人則可，豈得欺朕耶？」在現代企業中，愈是了解營運細節的高階主管，愈不會被員工蒙蔽。沃爾瑪嚴格要求公司各主管深入了解零售業，因為零售必須專注於細節（retail is detail）。在企業營運中，不懂營運細節就放手授權，被矇騙的機會自然大增。

● **絕招二：對屬下查帳的威脅**。康熙非常重視耕種人口數目（即所謂的「丁數」），曾要求各省督輔回報丁數，以建立正確的錢糧冊。當時各省督撫因擔心康熙加徵錢糧，所以不敢據實以報。康熙威脅他們說：「豈知朕並不為加賦，止欲之其實數耳。伺候督、撫等，倘不奏明實數，朕於就近直隸地方，遣人逐戶追查，即可得實，此時伊等亦復何詞耶。」雖然由員工自動呈報與分享資訊是企業最有效的溝通方式，透過適當的內控制度（internal control）來確認組織管理資訊的正確性，現在仍對企業有重要價值。

● **絕招三：建立密摺制度**。康熙為避免身居九重與外界民情脫節，便推行密摺制度以收集地方事務訊息，更曾吩咐臣下：「雖不管地方之事，亦可以所聞大小事，照爾父秘密奏聞，是與非朕自有洞鑒。就是笑話也罷，叫老主子笑笑也好。」密摺制度的特色是直接呈給皇帝，不經過政司等衙門。密摺不僅可用以陳事，亦可薦人，內容上至軍國重務，下至身邊瑣事，無一不包，且可使官員存有戒心，不敢妄為。至於臣子是否會在密摺中隱藏真相，康熙頗有自信：「聽政有年，稍有曖昧之事，皆洞悉之。」鼓勵打小報告，是威權組織裡常被詬病的壞傳統，但是在一個統治幅員廣大的帝國，沒有CNN，也沒有網際網路，這種密摺制度有它存在的背景。耶魯大學知名歷史學家史景遷（Jonathan Spence）發現，在康熙、雍正時代，北京與廣州之間的密摺往返只要6天。乾隆以後，這種迅速的資訊交流就不再存在。自此之後，清帝國官吏貪汙腐敗的情況日益嚴重。

每個組織都有柯林頓

1998年8月17日晚間6點，美國前總統柯林頓（Bill Clinton）召開記者會，全美國的電視網皆即時轉播。他以嚴肅又略顯尷尬的聲調念著聲明稿：「大家都知道，今年1月我被要求為我與柳斯基小姐（Monica Lewinsky，白宮工讀生）的關係提供證詞。雖然我的回答在法律上是對的（legally accurate），但我未自願提供實情（did not volunteer the information）。」我的美國友人故作嚴肅狀：「我們的總統把他的上半身貢獻給國家，至於他的下半身，我們就放他一馬吧！」此時我趁機宣揚資訊的重要性：「如果不

是小柯在柳斯基的洋裝上留下『物證』可供查核（audit），你眞的以爲他會坦白招認？」事實上，企業中的每個人都可能是柯林頓。我指的不是鬧緋聞，而是「未自願提供實情」。而企業往往最需要成員提供實情，以便進行重要的決策（如預算規畫）。關於這種資訊被扭曲的問題，本書也將進一步探討。

誘因爲行動力之母

正視人的誘因，適當管理人的誘因，往往會帶來巨大的行動力。許多時候，即使沒有技術的進步或未使用先進設備，光是誘因機制的變動，就能大幅提升生產力，中國大陸的經濟發展就是個好例子。

中國生產力的大躍進

在鄧小平採行改革開放前，中國大陸實施大規模的人民公社。不論勞動力好壞，當時的糧食供給制都按照人口量免費供給人民糧食。因此，農村裡普遍流傳著「出工一窩蜂，幹活大呼隆（攏）」的俗諺，勞動的積極性蕩然無存，農民的溫飽也就遙不可及了。

1978年，安徽省碰到大旱災，使得秋耕無法進行。這種情況讓先前被視爲「資本主義復辟」的「包產到戶」機制，有了敗部復活的機會。所謂的「包產到戶」指的是：將已規定產出要求的土地發包給農戶，農戶在收成後向上級繳交保證生產的部分，超產部分則大多留給自己。因此，「包產到戶」帶來財產私有制的誘因。

在實行「包產到戶」的村莊中，最著名的是安徽省鳳陽縣的小崗村。某次會議中，小崗村生產隊21位農民的3人在以下字據上蓋章，另外18人則按了手印。

1978年12月

地點：村民嚴立華家

我們分田到戶，每戶戶主簽字蓋章。如以後能幹，每戶保證完成每戶全年的上交公糧，不再向國家伸手要錢要糧。如不成，我們幹部坐牢殺頭也甘心。社員們保證把我們的小孩養活到18歲。

隔年，小崗村生產隊糧食產量大幅增加，超過13萬斤。這個事件成為中國經濟體制改革的突破性指標。這些質樸農人的行為，驗證了誘因機制的關鍵影響。

米開朗基羅也要高薪

即使是藝術天才，也不能無視於經濟誘因。1505年初，米開朗基羅剛完成轟動世人的大衛像，就接到教皇尤利烏斯二世（Pope Julius II）的召令，請他提供創作服務。1508年5月10日，米開朗基羅收到教皇預付的5百杜卡特（ducat，為重24克拉的金幣），作為西斯汀禮拜堂頂棚工程的部分報酬。根據合約，整個頂棚工程的總報酬為3千杜卡特，是當時一般工匠平均年收入的30倍。1513年，尤利烏斯二世在西斯汀禮拜堂頂棚工程落成後三個

月內過世。繼任的教皇利奧十世（Leo X）請米開朗基羅接下尤利烏斯二世陵墓的雕刻工作，此時米開朗基羅的報酬，更是暴漲到1萬6千5百杜卡特的天價。米開朗基羅不是為了錢而雕刻，但是出不起合乎他身價的價碼，也很難請得動這位天才藝術家。

過度誘因會造成危害

薪資制度的過度誘因也可能造成投機交易。以倫敦的霸菱銀行（Barings Bank of London）為例，它成立於1762年，是一家歷史悠久、聲譽卓著的金融機構，股東群還包括英國王室。1995年2月26日，霸菱銀行的明星交易員李森（Nick Leeson）被人發現他隱藏鉅額交易損失，金額高達14億美元。他本來應同時買進及賣出在大阪與新加坡市場交易的證券，進行無風險的套利交易，但是李森卻賭該證券會漲。結果該證券大跌，李森慘敗，這家金字招牌的老店也應聲倒塌。霸菱的股東賠光了所有資金，最後以1英鎊的價格，被荷蘭最大的金融機構ING收購。李森也因為做假帳與違反證券交易法，遭新加坡政府判刑6年。

這麼戲劇性的事件怎麼會發生？原因在於霸菱的薪資制度鼓勵李森進行高風險投機交易，而霸菱高階經營階層也沒有嚴格控管明星交易員的誘因。長久以來，霸菱銀行把獲利的50%拿出來給員工分紅。員工在公司賺錢時分紅，卻不必在公司虧損時承擔後果。於是當交易員發生小賠時，往往投下更大賭注，希望藉此彌補。在這種惡性循環下，金融交易的賭注不斷上升，最後終於失控。

＊

在往後的章節中，我將更進一步討論，管理會計的知識如何協助組織建構適當的誘因機制。

決策權的分配是門大學問

1974年諾貝爾經濟學獎得主海耶克（Friedrich von Hayek, 1899-1992）有句有趣的名言：「傳教士的目標是要人們不要太自私，而經濟學家的目標是要讓傳教士不要太成功！」這句話道出經濟學家對人類行為的基本假設：人類會理性地追求自身效用的極大化。然而，這些效用的來源不只是金錢（物質），也包括聲望、感情、被人尊敬等無形的事物。

現代經濟組織的一大特色，是生產活動主要透過公司來進行，公司則是透過團隊合作（team production）、互相依賴的方式來運作。此外，由於所有權與經營權分開，也產生所謂的代理問題（agency problem）。它指的是代理人（經理人）追求自己的利益，而不是主理人（principal，例如股東）的利益。例如，高階經理人可能喜歡公司規模擴大後帶來的尊榮感或福利（如公司的豪華噴射機），但大公司未必能讓股東真正賺錢。管理會計的重要功能之一，就是建構一套管理機制，使經理人與股東的利益能盡量趨於一致。

資訊與決策權的分配往往有密切關係。舉例來說，擁有機器生產排班決策權的人，必須對生產線的現況十分了解。如果生產線現況變化很大，資訊又不易即時傳給上級，企業會將排班決策權授予工廠經理人。不過，有時候擁有資訊的經理人也可能沒有

決策權。再以零售業的第一線銷售人員為例,他們比總部行銷人員更清楚顧客偏好,也更清楚顧客對價格的敏感程度。但是第一線的銷售人員可能傾向以降價方式進行促銷(尤其當獎金以業績為主),以至於損及公司利潤。因此,總部可能訂定一致的銷售價格,不授予第一線人員價格決定權,或限制他們只能在某個價格區間內行使裁決權。

為了因應可能的代理問題,企業通常會把**決策管理**(decision management)與**決策控制**(decision control)區別出來,分別由不同的機制處理。決策管理指的是經理人提出或執行一個決定;決策控制指的是經理人核准或監控一個決定。舉例來說,在聘請一個新員工的決策過程中,通常由經理人提出該項人事案,請求長官核准。一旦核准後,該經理人就會開始招聘及面試。經過一段時間,長官及人事部門會對該員工進行績效評估。這種區分決策管理及決策控制的機制,也運用於三權分立的憲法(例如美國):由行政機關提出預算案,經立法機關核准;一旦預算案核准,則交由行政機關執行。一段時間之後,立法機關將針對執行成果進行績效評估,而司法機關則針對行政及立法機關進行考核。

在後續的章節中,筆者也將進一步討論,會計資訊如何在決策管理權的分配上扮演重要角色。

管理會計的金字塔底座

管理會計最基本的思考架構,可彙整成有如金字塔底座的鑽石模型(見圖2-1)。

圖2-1 管理會計鑽石模型

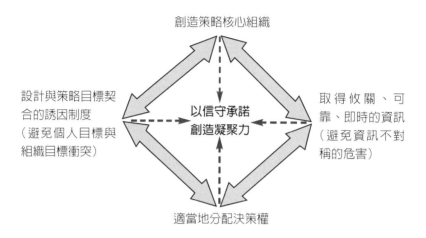

我以兩個例子，說明這個鑽石模型各構面相互倚靠的意涵。

● 例一

　　想像你是個飛行員，駕駛幻象戰機，在接近1萬公尺的台灣海峽上空以兩倍音速（約2,100公里）急速飛行，執行巡邏任務。你突然聽見飛行艙的警鈴大響（擁有即時資訊），表示你已被中共戰鬥機的雷達鎖定，只要對方按下發射按鈕，飛彈在數秒內就會向你直奔而來。你心跳加快、毛髮豎立，你有最強的動機自衛（存在適當誘因），但是你能進行自衛性攻擊嗎（是否有決策權）？如果你是台灣的戰鬥機飛行員，你不能這麼做，因為上級給你的命令是：「第一發子彈或飛彈不可以是你射的！」即使被敵方鎖定，你也不能率先攻擊（這是國家的既定

策略)。是什麼樣的訓練,能使飛行員抗拒生物求生及自衛的本能,在生命遭受威脅時不展開反擊?這必須奠基於強烈的價值觀。因此,一個優秀的戰鬥機飛行員不能只擁有高超戰技,他還要能「信守承諾」,服從國家策略的指導。

一旦雙方開戰,飛行員在執行作戰任務時,為了保護自己的生命安全,他可以逕行對敵機開火,不必經過上級事先核准。因此,這四個構面的互動是動態的,而非一成不變。

● 例二

當一家跨國保險公司進入一個新市場時,它必須先決定其策略目標。如果它的策略目標是以最快速度看到子公司獲利,正確衡量子公司獲利就是資訊架構的主要任務,而提供子公司經理人的誘因可做如下設計:2年就獲利,給予經理人獎金5千萬;3年獲利,獎金4千萬,依次遞減。然而,這是個好辦法嗎?

保險公司的成本結構比較特殊,新客戶的保費收入如果是100元,其成本則大約是140元。因為光是業務員的佣金就可高達40%,還必須外加文件建檔等其他管理費用。因此,新的客戶愈多,子公司的虧損就愈大。但是自第二年起,舊客戶就可開始帶來獲利。因為這時業務員的佣金降到2%左右,而且舊客戶也沒有太多增額的管理費用。因此,如果策略目標是盡早獲

利，掌握決策權的子公司經理人，在取得一定數量的保戶後，將壓低新加保的人數，以增加短期獲利，而這將造成該公司在新市場成長的瓶頸。相反地，如果母公司為子公司訂定的早期策略目標是增加市占率，其資訊架構必須能精確反映新市場中各家保險公司的市占率，而獎酬標準也應根據子公司市占率的成長或衰退來決定。

以管理會計的觀點，有效的管理必須依賴這個鑽石模型的四個構面，它們環環相扣，互相支援。最核心的部分是一個「信守承諾」、樂於分享的組織文化。分享什麼呢？就是分享策略、資訊、誘因（資源）以及決策權。這種分享是組織凝聚力的來源。

由權變理論看管理

金庸在《倚天屠龍記》第38回中，生動地描寫武當派高手俞蓮舟和武當派叛徒宋青書（武當派第二代掌門人之子）在比武大會交手的場面。

江湖上素知武當派武功的要旨是以柔克剛，招式緩慢而變化精微，豈知俞蓮舟雙掌如風，招式奇快，頃刻間宋青書腰腿間已分別中了一腿一掌。

宋青書大駭：「太師父和爹爹均是要我做武當派第三代掌門，絕不致有什麼武功秘而不授。俞二叔這套快拳快腿，招式

我都是學過的,但出招怎能如此之快,豈不是犯了本門功夫的
大忌?可偏生又這等厲害!

事實上,這段描述有相當重要的管理意涵。

2004年12月,我前往波士頓地區參觀一些著名的製藥公司,
某大藥廠研發主管向我談起未來的製藥方向。他表示,新趨勢是
希望在用藥前很快測試一個病人的體質,以便決定合適的用藥方
式。如果病人的新陳代謝速度遠比常人慢,藥物在體內停留過
久,會產生嚴重的毒性;反之,如果這個病人的新陳代謝速度太
快,藥物在體內停留的時間太短,就不能產生療效。因此,依各
人體質來決定用藥,是製藥業未來的理想。

一般的管理會計教科書介紹各種管理工具時,往往給人一種
印象,以為每種工具都能拿來使用,而使用方法也沒有差別。事
實上,企業也有「體質」差異。對公司來說,有些管理工具在某
些情境下是靈藥,但在其他情境下卻是毒藥。在隨後的章節中,
我也將進一步討論各種管理工具的適用時機與情境。

結束本書「心法篇」的討論後,我將與各位一同修練「金字
塔九大絕招」(見第二篇),這些絕招都是管理會計最基本、最精
華的觀念與技術。在這些絕招中,透過傾聽顧客、洞悉顧客來追
求成長,更是九大絕招中的核心(見第三章)。

參考資料

● Janathan Shaw, "Who Built Paramids," *Harvard Magazine*, July-August 2003.

● 楊啓樵,《雍正帝及其密摺制度研究》。上海:上海古籍出版。1983。

● 金恩(Ross King),《米開朗基羅與教宗的天花板》。黃中憲譯。台北:貓頭鷹出版。2004。

● 史景遷(Jonathan D. Spence),《康熙:重構一位中國皇帝的內心世界》。溫洽溢譯。台北:時報文化。2005。

● 吳敬璉,《當代中國經濟改革:探索中國經濟順利轉型的秘密》。台北:麥格羅希爾。2005。

第二篇　招式篇

——金字塔九大絕招

03 傾聽顧客才有成長力
——達文西教你解讀顧客

Production

1474年1月15日
托斯卡尼大城佛羅倫斯
義大利

Date　　Day/Night　　Sync/Mute

穿著綴滿厚重、奢華蕾絲的深褐色禮服，蒂班琪（Ginevra de Benci）目光呆滯地看著前方，而台上的佛羅倫斯大主教正誦讀著冗長的祝福詞。這一天，是她結婚的大日子，她的新郎尼可里尼（Luigi Niccolini）興奮地緊靠著她。還不到40歲的尼可里尼，頭已經禿了大半。15歲的蒂班琪誕生於佛羅倫斯的富商家庭，是有名的才女。這樁婚事純粹是政商聯姻的產物。新郎的年紀不但大她一倍，論及財富與文化素養，他也望塵莫及。這個時候，來自娘家的豐厚禮物、嫁妝，一車車地送往他們的新居，其中包括她最鐘愛的一幅肖像，該肖像為委託達文西所繪製（1474年，見圖3-1）。至於委託達文西作畫的人，是威尼斯派駐佛羅倫斯的大使班伯（Pietro Bembo）。當時班伯已婚並擁有多位情婦，卻與豆蔻年華的蒂班琪陷入柏拉圖式的熱戀。

22歲的達文西，那時剛嶄露頭角。他看到的是一位即將離開

圖3-1 達文西所繪之「蒂班琪肖像」

愛人、面對不可知未來的少女。因此,在達文西畫筆下的蒂班琪,臉上看不到即將成婚的喜悅,反而流露深沉的迷惘及憂傷。許多藝評家認為,這是西方繪畫史上第一幅刻畫人物心理的肖像(psychological portrait)。它顛覆中世紀以來肖像畫的「傳統」

——死板、無法傳達人物內心情感——因此這幅肖像畫極具藝術價值。1967年,位在華盛頓特區的美國國家藝廊,以創下當時天價的500萬美元購入,此畫成為現今美洲地區唯一的達文西收藏品,也是國家藝廊鎮館之寶。

凝視「蒂班琪肖像」,就像是面對洞悉人性的達文西。

達文西洞悉人性的觀察力,相當於經理人必須了解顧客潛在感受與需求的能力。例如新力、三星等消費電子大廠,在世界各大都市(巴黎、米蘭、倫敦、紐約等)皆派駐生活風格分析師(lifestyle analyst),就近了解最新消費潮流、預測未來流行趨勢,以作為產品設計及服務研發的參考。傾聽顧客內在的聲音、深入思考未來可能的商機,在各個行業都適用,這也是青年達文西對培養企業競爭力的啟示。

除了揣摩顧客的內心世界、畫出現代西方繪畫史第一幅「心

理肖像」外，達文西也是一名推銷員。他曾針對當時戰爭的需求，向地方諸侯等重量級客戶進行推銷。1502年，達文西向那時候控制君士坦丁堡（Constantinople）的蘇丹巴傑札特二世（Bajazet II），送出一封有趣的毛遂自薦信，推銷他為戰爭需求所設計的產品。

敬愛的蘇丹閣下：

我非常高興能讓您知道我有絕佳的點子與技術。如果您能撥出時間，我希望能進一步說明這些技術。它們包括：

一、我能建造又輕又堅固的吊橋，這些吊橋不怕加農砲彈。我也有以火攻摧毀敵人吊橋的技術。

二、在攻擊敵人城堡前，我有絕佳的點子來放乾他們護城河的水。同時，我也有製造攻城設備的經驗。

三、我還有絕佳的方法，可以摧毀城堡和它的瞭望台。

如果您覺得這些技術不切實際，請讓我在您面前親自示範，加以驗證。我以萬分謙卑的心，向您介紹我自己的發明。

您最忠實的
達文西

這封推薦信的成效如何？傳說蘇丹的確有意請達文西設計一

座橋樑，預計蓋在君士坦丁堡的黃金灣，橋長約346公尺，跨越博斯普魯斯海峽（Bosphorus River）。如果這座橋能建成，它將成為當時世界上最長的橋。蘇丹最後否決了這項造橋工程，因為他認為造價太高，而且工程風險太大。不過，達文西還是繪製一幅拱形橋設計草圖作為紀念。500年後，一位挪威畫家發起達文西橋樑工程計畫，依據遺留的設計草圖，建立一座具有優美拱形的美麗橋樑，命名為蒙娜麗莎橋（Mona Lisa Bridge）。

＊

　　本章主旨是由管理會計的觀點出發，探討如何發展更深入、更有價值的顧客互動關係。企業欲建立這樣的互動關係，都有賴於回答「誰是顧客」、「如何評估顧客需求」、「如何滿足顧客需求」以及「如何選擇顧客」等重要議題。

顧客到底是誰？

　　1907年，20歲的麥克奈特（William McKnight, 1887-1978）告訴他的父親：「我不想做農夫，我想試點別的東西！」對一個19世紀中由蘇格蘭移民到南達可塔州（South Dakota）的老農夫來說，兒子的決定可真是個意外。但他開明地說：「應該讓兒子去追尋他的夢想！」於是麥克奈特離開了夏天氣溫高達攝氏40度、冬天又低到零下40度、必須隨時應付蝗災與暴風雪的農莊。不久後，麥克奈特加入剛成立的3M公司。

　　麥克奈特由廠級記帳員做起。1911年，3M財務吃緊，麥克奈特被指定接手行銷工作，而他對行銷有著與眾不同的想法。一般

而言，推銷員會想辦法接觸公司的採購部門，說服他們下單購買。但是麥克奈特認為，真正的顧客是使用3M產品的人。以3M最早期的產品砂紙為例，最大宗的使用者是汽車工廠用砂紙打磨車身的工人。麥克奈特以身作則，要求下屬必須透過關係直接和生產線的工人對話。透過工人的抱怨，3M了解產品要如何改進才有競爭力。也因為工人的口碑，採購部門不得不購買3M的產品，所以創造了3M早期穩定的產品需求，也創造了優質的業績成長。麥克奈特由基層一路晉升至董事長，在這59年間，他讓3M清楚地了解，「顧客到底是誰」不只是行銷的重點，也是創新的來源（見第九章）。

你的顧客改變了

葛洛夫擔任英特爾執行長的11年任內，每年都保持超過30％的業績成長率，但是在1997年Pentium晶片上市後，他犯了一個幾乎致命的錯誤。維吉尼亞林區博格學院（Lynchburg College）的數學家尼斯利（Thomas Nicely）發現，英特爾的Pentium晶片經過大規模運算後會產生一個錯誤，這個消息迅速地傳播出去。這時葛洛夫被工程師的自尊淹沒，親自上網反駁，辯稱這個錯誤對一般使用者根本沒有影響。後來由於消費者反應激烈，英特爾被迫全面回收有問題的晶片，不僅損失了4億7千5百萬美元，也影響了好不容易建立起來的商譽。

葛洛夫事後反省，坦白承認自己忽略「顧客已經改變了」。早期，英特爾的顧客是系統廠商的工程師，英特爾習慣以專門術語

與顧客溝通技術層面的問題。但是在「Intel Inside」的行銷策略成功後，英特爾的主要顧客變成了一般消費者。他們聽不懂、也不想聽技術性語言，更無法客觀評估Pentium的瑕疵到底多嚴重。他們感到驚恐，而英特爾那時候也缺乏與消費者溝通的心態及經驗。

我只在乎你

2005年7月18日上午，強烈颱風海棠正在窗外肆虐。10點09分我打開電腦，一封來自冠德建設馬玉山董事長（台大EMBA第三屆）的電子郵件跳了出來：

> Dear Sir,
>
> 今天是海棠小姐光臨的時候，雖然政府宣布不上班，但我習慣性地來到辦公室，處理公務，同時觀察哪些幹部會來公司做危機處理的準備，尤其是售後服務的組織能否在此時啟動，為需要我們的客戶提供必要緊急服務。這些事，多年來已成了公司文化的一部分……

當時我的直覺反應是：「如果有機會，我一定要買冠德建設的房子！」就算是大颱風天，我知道董事長與公司重要幹部都還在辦公室裡，戰戰兢兢地為顧客預作危機處理的準備。冠德建設的做法，就是達到了鄧麗君名曲〈我只在乎你〉的境界。

英國零售業著名廠商Tesco也是「我只在乎你」的實踐者。雖

然Tesco成立線上雜貨商（internet grocery），但他們發現顧客仍喜歡親自逛賣場，直接接觸生鮮產品，網購主要是作為輔助功能。因此，Tesco決定不採用把網購訂單集中在同一倉儲、統一出貨以降低成本的處理方式，而將訂單分散在顧客原來習慣採購的賣場，進行出貨作業。這種做法成本較高，好處是能合併顧客實體採購與網購的資料，充分了解顧客的商品需求，並使各分店能更準確地預測顧客的整體需要。Tesco的貼心安排不僅提升了顧客滿意度，後來也增加了公司的營業額和利潤。

我的品味比你高尚

根據美國《商業週刊》2005年全球品牌價值評比，來自芬蘭的諾基亞（Nokia）獲得第6名。直到1980年代末期，諾基亞才以手機打開全球知名度，因此對它來說這是不凡的成就。

但是，諾基亞有著「不夠在乎顧客」的隱憂。2002年到2004年，諾基亞的淨銷貨連續三年出現負成長，它的手機全球市占率由全盛時期的40％一路下滑到29％，在2005年才稍微回升到33％。造成這個現象的一個重要原因，就是諾基亞未能迎合亞洲市場消費者的需求，推出折疊的貝殼機（clamshell），反而一味推出歐洲消費者喜愛的直立式手機（bar type）。

對於亞洲市場的特殊品味，諾基亞亞洲分公司的許多員工早就提出建言，但是諾基亞高層相當自信地表示：「我們有4成市占率，這代表我們了解市場，我們甚至可以創造市場！」

2005年，亞洲手機市場占諾基亞整體營業額從2004年的25％

成長為29%，但諾基亞在亞洲市場的銷售成績一向遠遜於三星、LG等競爭者，因為諾基亞一直誤認亞洲消費者對產品的技術需求大於外觀設計。一直到2003年10月，它才在市場的強大壓力下，被迫推出Nokia 7200的折疊式手機。但事實證明，諾基亞忽視亞洲手機市場消費者的品味，對公司營收、獲利與股價都造成重大不良影響。

提供顧客精緻的服務品質

除了提供產品之外，企業也面對「提供顧客精緻服務品質」的課題。

某一年的結婚紀念日，我請太太前往某大飯店裡著名的日本餐廳慶祝。我點了一份鐵板燒松阪牛肉，指定5分熟。侍者送上來時我嘗了第一口，發現煎得太老，大約是7至8分熟。我告訴侍者牛肉熟度不對，他的回答頗令我意外：「我去問鐵板燒師傅可不可以換！」顯然這家餐廳換菜的決定權不在侍者，而在廚師手上。雖然侍者回來告訴我可以更換，但在這等待的2分鐘內，心裡實在不是滋味。誰願意在這個浪漫時刻，為了換菜和餐廳員工理論呢！對一家高級餐廳而言，這實在說不上是精緻的服務品質。

亞都（麗緻）飯店總裁嚴長壽先生在《總裁獅子心》一書中提到，當客人對菜色不滿意時，必須由第一線人員（如侍者）直接決定，無須請示主管。這符合「讓擁有資訊的人有決定權，以便快速滿足顧客需求」的原則。但是以成本的角度，一客被顧客退回的牛排，的確造成公司的損失，這應該由誰負責呢？一種可

能的管理方法是由犯錯的人負責。例如，可能是侍者忘了寫下顧客的特殊要求（或寫不清楚），也可能是廚師沒把點菜單看清楚。但是嚴先生的做法很奇特──算在總裁帳上。乍看之下，這不太符合分層負責的精神，畢竟飯店總裁離第一線點菜作業實在太遙遠，應該不必擔起這種責任。仔細一想，這種安排頗有深意。試想若客人退了一客牛排，侍者或廚師就會被罰錢，雖然這有強烈的提醒效果，如果員工因為荷包受損，對顧客顯露出一絲不悅的表情，就會得罪顧客。因此，在策略定位上強調服務品質的亞都飯店，經由管理制度的設計，刻意避開造成員工與顧客直接利益衝突的情境，損失改由總裁買單。

當然，總裁每個月會檢視這種因犯錯而帶來的損失。結果發現，每個月的損失不到2萬元，十分輕微。然而，如果因為服務品質不良而得罪顧客，商譽的損失會高出許多倍。反過來說，如果公司以成本領導為策略，當生產線的品質出錯就直接扣員工錢，倒不失為一種直接有效的方法。因為生產線的員工不必直接面對顧客，沒有得罪顧客的考慮，公司也必須讓員工感受控制成本的必要性。

以客戶導向改革供貨系統

Best Buy是美國消費性電子產品零售市場領導者，在美國49個州擁有700家以上的分店，年營業額達270億美元。Best Buy一向以大量採購與大量鋪貨的方式，取得規模經濟帶來的低成本效益。然而，這個零售業巨人在2003年面臨三大問題：

1. 調查發現，33％的消費者離開賣場時感到十分不滿意。
2. 消費者結構改變，對產品解說與售後服務的需求上升。
3. 來自沃爾瑪的強勢競爭。

因此Best Buy重新定位，決定以「客戶需求」爲主，發展新的供應策略。首先，Best Buy廢除每家分店都一模一樣的舊有做法，改成聚焦於滿足8種不同客群的需要，而每家分店必須有自己主攻的1到2種客群。各店面的20％商品必須是針對特定客群所陳列，剩餘的80％才是各店都相同的商品。舉例來說，在鎖定專業人士的分店中，筆記型電腦、PDA、雷射筆等職場所需商品，將陳列在一進門的位置，並有熟悉這類產品的服務人員提供解說。而在以家庭主婦爲主要客群的分店，重點商品則爲全自動化家電。Best Buy目前已有4分之1的分店採用這種新模式，在2005年第二季，這些試驗點出現營收倍增的佳績。

當Best Buy將公司經營從供給面的低成本，轉爲需求面的提高顧客滿意度，背後的供應鏈也必須跟著調整（第八章將進一步討論）。它原本的補貨方式採大量運送，但頻率較低，現在轉變爲高頻率的小量運送；它原本是中央統籌資訊，目前改由地方隨時彙整資訊，與配銷中心即時交流；它的分店經理人也必須擁有更多權力，以便調整店面陳列的產品。這些都與第二章提到的鑽石模型（見圖2-1）相契合。

強勢顧客的滿意度

　　許多企業都會設計問卷，調查顧客對其產品或服務的滿意度。然而，對強勢顧客而言，他們很清楚自己對供應商的期待，甚至以極為明確的方式自行衡量供應商的表現。

　　以沃爾瑪為例，它就是超級強勢顧客。如果你能滿足沃爾瑪，你就不太需要再調查顧客滿意度。以下為沃爾瑪對其亞洲主要航運商（位於馬尼拉、基隆、高雄、上海等地）評分的17個項目：

　　1. 貨單正確性

　　2. 貨單即時性（48小時內發出）

　　3. 貨單再確認所需時間

　　4. 貨運裝備齊備

　　5. 貨運裝備新舊

　　6. 接駁船次多寡

　　7. 貨運明細是否即時回傳

　　8. 滿載而不克提供服務之次數

　　9. 貨運準時性

　　10. 提交海運提單所需時間

　　11. 運輸問題回覆時間長短

　　12. 對沃爾瑪托運產品之認識

　　13. 提供客戶服務之品質

　　14. 一般業務事項之回覆時間

15. 是否特別設置沃爾瑪專用之設備
16. 專供沃爾瑪使用之設備狀態
17. 貨款保險索賠清償所需日數

　　沃爾瑪僱用專門的調查人員，針對上述項目給予1到5的評分，並以評分的績效決定未來貨物承載的分配比重。由此可見，沃爾瑪真難纏！但是別忘了，「吃苦就是吃補」，應付難纏的顧客，是提升企業競爭力的最有效辦法。

決定顧客滿意度的關鍵因素

　　許多企業都會進行顧客滿意度分析，但是除了整體滿意度，顧客滿意度還有許多細項，而促成顧客購買行為的關鍵項目才是分析重點。對零售業而言，顧客滿意度可能包括下列3個構面：

- **服務**：包括業務人員是否迅速招呼、業務人員是否隨時在側、服務態度是否親切、外表儀容是否整潔、業務人員的產品知識是否充足、結帳的速度等。
- **產品**：包括產品是否隨時在架上（特別是促銷品）、產品是否價廉質優等。
- **設施**：包括廁所的清潔度、店面的清潔度、產品的陳列方式等。

　　不同顧客群的關鍵滿意項目可能不同。知名美國零售商席爾

斯（Sears）曾在2000年大力推動提升服務品質活動，但各地的成果不太一致。他們分析後發現，在較富裕的商圈，當服務人員對顧客提供較多的諮詢及關切，反應十分良好；但是在中、低所得的商圈，顧客只對價格敏感，增加服務反而對顧客造成壓力，因而反應不佳。

小華盛頓棧的心情分數

讀者還記得第一章提到的小華盛頓棧嗎？主廚歐康諾為了讓顧客有畢生難忘的用餐經驗，發展出一套獨特的管理辦法。小華盛頓棧的服務人員在每一桌客人坐定、準備點菜後，必須觀察各桌的氣氛，打一個由1分到10分的「心情分數」（measure of mood）。這個分數會隨著菜單一起輸入電腦，顯示在餐廳每一個工作站（workstation）的螢幕上。小華盛頓棧的目標是不讓客人離開時的心情分數低於9分。如果這一桌客人的氣氛本來就熱絡，他們就不需要特別的作為。如果某一桌客人看起來只有3到4分，那麼整個管理團隊必須同心協力來扭轉乾坤。

這些努力常常是細微的事。如果做先生的對迷人的女服務生太過殷勤，領班會適時地換掉女服務生；如果顧客在兩道菜當中難下決定，廚房會把沒點的另一道菜做成一小份，讓客人嘗一下味道。在與顧客的互動中，服務人員會重新評估心情分數，再輸入新的計分。如果還是只有5分，可能必須加送一道菜；如果有7分，可能加送一道甜點就夠了。為了提升心情分數，整個服務團隊發展出良好且強烈的信心，他們自信能處理各種困難情境。對

服務人員而言，最重要的是察言觀色。歐康諾要求服務人員與顧客進行眼神接觸（eye contact），而避開眼神接觸的顧客往往代表需要特殊的服務。

歐康諾還認為，就算客人對小華盛頓棧的菜色百分之百滿意，如果沒有機會分享顧客自己的心情故事（例如他們為何而來、這頓飯對他們的意義等），這樣的用餐經驗就不夠完全。有些時候，人們來用餐的原因十分顯而易見（例如慶祝生日或結婚紀念日），但有些客人的故事，可能就得花點精神去發掘。

歐康諾分享了一個令人動容的例子。不久前，有一位女性顧客前來小華盛頓棧用餐，她沉默寡言，與服務人員完全沒有眼神接觸和任何互動。等她用餐完畢，歐康諾主動邀請她參觀廚房。（那是個仿英國溫莎堡內部的設計空間，精緻而溫暖！）歐康諾並告訴她，他曾讀過她帶來閱讀的書（該書是《托斯卡尼豔陽下》〔*Under The Tuscan Sun*〕）。突然間，這位女性顧客打開了話匣子。原來她的丈夫才過世不久，享年40餘歲。他們夫妻喜歡陽光及美食，常說要前往陽光充沛的義大利托斯卡尼省旅行，以及至小華盛頓棧用餐，但是一直沒有成行。當天是她先生過世後第一個生日，她帶著她先生最愛的書，前去小華盛頓棧用餐，以這種方式懷念他。對這位女性顧客來說，用餐不只是解決口腹之慾，而是一個療傷的過程。在聆聽顧客傾訴的剎那間，一個完整的用餐經驗才得以完成。歐康諾也認為，每個員工必須設想，自己此生只有一次服務這位顧客的機會。

小華盛頓棧並不是等到顧客離開時，才要求他們填寫顧客意見表。他們的服務人員運用主觀判斷，以心情分數來動態調整他們

的服務流程與內容。畢竟餐廳的服務重點是「創造」美好的顧客經驗，而不是「衡量」顧客的經驗。我曾在台灣一家著名的連鎖餐廳用餐，用餐過程中，服務人員很客氣地請我填寫意見調查表，我填完後交給服務人員。不久後，服務人員回來告訴我，因為意見調查表不能塗改，請我再填一次。這令我有點哭笑不得，因為：

● 對顧客而言，填寫意見調查表並不具有附加價值。
● 更正填好的意見調查表，更不是顧客想做的事。
● 逐條檢視意見調查表，會讓顧客產生不舒服的感覺。

向偉大的打擊手學習

2002年7月22日晚上，美國波士頓芬威棒球場（Fenway）氣氛肅穆。一群平均年齡60至70歲的波士頓紅襪隊（Red Sox）退休球員，穿著球衣由選手休息室緩步走向當年的防守位置。接著他們走向左外野，排著隊在那兒拋下手上的花束。強烈的聚光燈光束聚焦在花束堆上，球場大螢幕出現一個偌大的數字「9」，然後閃出「Ted Williams」的字樣（即打擊王威廉斯，他的球衣背號是9）。

那天是紅襪隊最著名的球員威廉斯（1918-2002）過世後第17天，當天晚上紅襪隊沒有比賽，但是芬威球場湧進2萬5千名付費參加追思會的球迷。因為在波士頓人心中，威廉斯無可取代。

威廉斯曾說：「我這一生最大的願望，就是有一天當我走在街上時，有人指著我說：『這是有史以來最偉大的打擊手。』」他

圖3-2 威廉斯的好球帶矩形

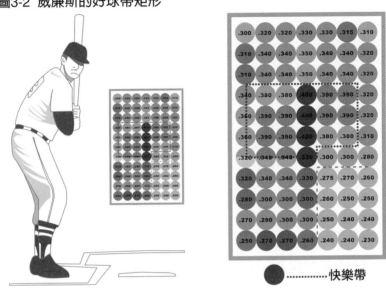

············ 快樂帶

在1941年終於達成願望了！當年他以4成06的平均打擊率突破4成
打擊率的障礙，在聚集世界頂尖棒球好手的大聯盟殿堂，他是20
世紀最後一個達成這項驚人紀錄的打擊好手。威廉斯怎麼做到
的？雖然他一向以「找到好球才打」著稱，但在他1971年出版的
著作《打擊的科學》（*The Science of Hitting*）中，他才完整交代他
的打擊訣竅。

　　威廉斯將好球帶想成一個由77顆球（高11顆×寬7顆）組成的
矩形。根據他自己的統計，他最弱的是外角偏低的位置（高4顆×
寬3顆），打擊率大約只有2成3。他最擅長打的球，則是本壘板中心
點正上方偏高位置的4顆球區域，他稱之為「快樂帶」（happy
zone，見圖3-2）。只有在「快樂帶」揮棒，他才會有4成以上的打

擊率。威廉斯造就的傳奇，不單只是靠他銳利的眼睛、揮棒瞬間的爆發力，更重要的是他對選球的堅持（打中間不打外角）。威廉斯職棒生涯的保送對三振比率接近3比1，堪稱有第一流的選球能力。

如果你有威廉斯那樣的雄心，想成為「有史以來最棒的經理人」，那麼他的例子對「選擇顧客」便極有幫助。哪些顧客是你的「快樂帶」，能讓你創造最大的價值？哪些顧客是你的外角偏低地帶，會讓你達不到預期目標，甚至讓你虧損累累？對強打者而言，「不揮棒」就是最大的紀律，而威廉斯就是實踐知所「取捨」（trade-off）的原則。由此可見，在企業經營中，要選對顧客才容易有持續的成長力。

戴爾電腦重視選擇客戶

戴爾電腦一向以營運效率著稱，獲利核心之一在於採取「先接單後生產」（build-to-order）的系統，但戴爾電腦必須同時承諾在60天前採購零組件。這個商業模式有一個重要的關鍵，亦即戴爾必須有計畫地選擇購買行為穩定且服務成本較低的客戶（account selecting）。戴爾具有鎖定目標顧客（targeting customer）的核心能力，也針對這個需要建立一個大規模的資料庫。目前戴爾最大的顧客是長期商業顧客，他們的需求與預算都比較能預測。戴爾擁有功能強大的網路資料庫（intranet website），能對顧客需要的產品規格和預算進行仔細分析。對個人型客戶來說，戴爾著重在第二次採購的客戶（second-time buyer），特別是經常進行升級、較少需要技術服務以及用信用卡付款的客戶（可以快

速、安全地取得現金），因此戴爾預測需求的準確率可高達70％至
75％，企業的長期性需求也帶動戴爾的成長。但是自2005年第3季
起，戴爾電腦的成長趨緩，甚至有下滑的情形，這代表戴爾又必
須找出新的客戶需求了。

鴻海也擅長選擇客戶

目前世界最大的手機廠商諾基亞，對於挑選供應商一直有著
極嚴格的做法。諾基亞不輕易接受新的供應商，也不隨便終止與
現有供應商的合作關係，甚至還有計畫地扶植忠心供應商。所
以，即便競爭對手摩托羅拉（Motorola）、西門子（Siemens）都選
擇委外來降低製造成本，諾基亞卻特立獨行，選擇根留芬蘭。

諾基亞手機超過3分之1的市占率，代表龐大的代工商機，於
是台灣廠商前仆後繼地向諾基亞展開遊說，台灣的零組件廠商也
都領教過諾基亞的難纏。對於這些零組件廠商，諾基亞接觸一、
二年都不下單，早就司空見慣。就算諾基亞已經勘查過零件廠3次
以上，也不一定有訂單。即使零組件廠拿到了小規模的試產單，
卻因不小心曝光而讓諾基亞馬上抽單，也是很正常的事。

2002年，鴻海集團的富士康公司（Foxconn）卻破天荒地打開
諾基亞的大門。除了本身有紮實、雄厚的技術與量產能力外，為
了吃下難纏諾基亞的代工訂單，鴻海甚至在諾基亞北京星網工業
園動工前，就買下旁邊的大片土地，興建各種專門為諾基亞量身
訂做的生產體系。這種鎖定顧客、決心拿到訂單的魄力，讓諾基
亞大為佩服，終於下訂單給富士康。

*

　　提供顧客獨特的價值是企業經營的重點。本章討論了「誰是顧客」、如何以「我只在乎你」的心情經營顧客、了解顧客需求、衡量顧客滿意度、鎖定幫助自己成長的顧客等，這些都是管理會計高度關心的議題。但是，這些顧客管理的成果，必須反映在顧客的持續交易行為上（也就是變成公司的營收與獲利）。本書第五章將介紹如何由營收變化了解公司處境；第六章將介紹如何判斷眼前的顧客會讓你賺錢，還是讓你虧損。如果各位同意威廉斯對選球的執著發人深省，那麼我們就必須從顧客行為產生的資訊中，分析出更多的管理意義。

學習基本功夫

　　2005年12月14日，70歲的義大利男高音帕華洛帝（Luciano Pavarotti）在台中體育場舉行世界巡迴告別演唱會，他以一曲「我的太陽」（O Sole Mio）回應鼓紅手掌、安可聲不斷的台灣樂迷。

　　帕華洛帝是20世紀後期全球最著名的歌劇男高音。他擁有甜美抒情的嗓音，以及卓越的高音技巧。1967年，帕華洛帝在紐約登台，演唱義大利天才作曲家董尼采第（Gaetano Donizetti, 1797-1848）的著名歌劇《聯隊之花》（*Daughter of the Regiment*），他在一首詠歎調中唱出9個高音C，轟動樂壇。樂評家因此稱他擁有「被上帝親吻（Kissed by God）的聲音」。

　　在一次專訪中，帕華洛帝談到他印象最深刻的一次音樂體驗。小時候，他跟著父親去聽當時最著名的義大利男高音紀里

（Beniamino Gigli, 1890-1957）演唱歌劇。歌劇落幕後，熱情聽眾的安可聲不斷，不願離去。紀里豪興大發，叫人把鋼琴搬到台下，現場接受點歌。情緒沸騰的聽眾一共點了20多首高難度的經典曲目，總共花了兩個多小時，彷彿加開一場演唱會。無怪乎樂評家宣稱，聽紀里的前輩歌王卡羅素（Enrico Caruso, 1873-1921）唱歌時，會感動到令人窒息，覺得那是他的最後一首歌；而紀里的演唱永遠流暢優美，令人覺得他還有下一首歌曲可以演唱。

　　紀里維持42年（1914-1956）從未間斷的演唱生涯。有人問起他何以能在競爭激烈的歌劇界屹立不搖，他的回答很簡單：「那是紀律，不管是否演出，我每天至少練唱一小時的音階，那是基本功夫！」

　　接下來，本書將討論管理會計的最基本功夫，也就是「金字塔九大絕招」的第一個階層——成本控制。

參考資料

● Patricia Seybold, "Get inside the Lives of your Customers," *Harvard Business Review*, May 2001.

● Patrick O'Connell, "Taking the Measure of Mood," *Harvard Business Review*, March 2006.

04 重視成本才有掠奪力
——揮動卡內基的成本鐵鎚

午12點左右，鋼鐵大王卡內基（Andrew Carnegie, 1835-1919）剛打完一場高爾夫球，正輕鬆地享用午餐。不久後，他的左右手史瓦伯（Charles Schwab）急急忙忙地前來，向他報告紐約金融大亨摩根（J. P. Morgan, 1867-1943）的最新意向：「摩根先生想知道，您是否願意把卡內基鋼鐵公司（Carnegie Steel Company）賣給他？」卡內基不動聲色地說：「讓我考慮一下，明天你再過來聽我的答覆！」

當晚，卡內基在書房沉思，他心想：「這大概是我的最後一場戰役了！」卡內基一生始終戰鬥著，而他的第一場戰鬥來得很早。10歲那一年，他眼看著以紡織工為生的父親，在最後一次交貨後沮喪地回家。父親癱坐在椅子上，告訴家人他的工作已經被機器取代了。這個淒涼的場景，深深烙印在卡內基的幼小心靈。他立誓：「我長大以後，一定要把貧窮這匹惡狼趕出家門！」13

歲時，卡內基由蘇格蘭工業大城格拉斯哥渡海，移民到美國賓州
西部的大城匹茲堡。對於競爭，卡內基從來沒有畏懼過，他常
說：「沒有哪個蘇格蘭男人會退縮或半途而廢，除非他先死去！」
卡內基先在鐵路公司發展，後來發現鐵路擴張導致鋼鐵的爆炸性
需求，他才轉而投身鋼鐵業。

　　19世紀晚期，野心勃勃的摩根也積極跨入鋼鐵業。他在華爾
街募集鉅資，成立了聯邦鋼鐵公司（Federal Steel Co.），飛快地合
併了近30家鋼鐵廠，市占率躍升第2，僅次於卡內基鋼鐵公司。卡
內基無懼於摩根的挑戰，憑著他在鋼鐵業的經驗，他有信心擊潰
摩根領導的團隊。摩根其實不懂鋼鐵業，他不想賺以成本優勢稱
霸市場的辛苦錢，而是想賺併購同業後的壟斷或寡占利益。雖然
卡內基有把握打敗摩根，但他必須付出昂貴的代價。他已經65歲
了，他不想把晚年繼續耗在商業競爭上，而希望能專注於慈善事
業。為了順利兌現他奮鬥一生的成果，他決定「以戰逼和」。他積
極籌建當時最大、最有效率的新型鍋爐，也投資於更先進的煉鋼
製程。他甚至準備由鋼鐵業大舉切入鐵道運輸，建構由匹茲堡直
達大西洋的鐵路網，直搗摩根的核心事業。

　　摩根被卡內基這一連串大動作逼得喘不過氣來。沒有人敢低
估卡內基的戰鬥決心與實力。摩根還公開指控：「卡內基正準備
打爛鐵路業的產業秩序，正如他已經打爛鋼鐵業一般！」經過深
思，摩根終於了解，最好的策略是「買下卡內基鋼鐵公司」。這正
是卡內基一手導演的結局──光榮、和平與利潤豐厚地退出！

　　第二天，卡內基交給史瓦伯一張紙條，請他交給摩根。摩根
打開來看，上面寫著卡內基的出價：「4億8千萬美元。」摩根只

輕輕地說了一句話:「我接受這個價錢。」過了幾天,摩根親自登門道賀:「卡內基先生,你現在是全世界最富有的人了!」這個當時創下天價的收購案,沒有律師或會計師介入,甚至連正式簽約的程序都沒有。收購了卡內基鋼鐵公司之後,摩根創造了鋼鐵業的巨無霸——美國鋼鐵公司(United State Steel),產量占全美鋼鐵市場的65%左右。

晚年的卡內基是慈善家;但英年時期的卡內基,是個緊抓成本的偏執狂。他最愛說:「盯緊成本,利潤就隨之而來。」他永遠不斷地追問高階經理人:「成本為什麼變動?」要懂得卡內基,就必須先懂得成本和他的「成本鐵鎚」。

在新興的鋼鐵業中,卡內基導入鐵路業已相當成熟、完備的成本會計系統。他詳細衡量鐵礦砂與焦煤的成本,精確計算在正常作業方式下的各種材料及人工的消耗量。這些資料每天、每週被拿出來檢討。這套制度非常有效,整個工廠的員工很快就感覺到,卡內基那雙銳利的眼睛,會隨時透過會計帳本盯著他們。

卡內基把所有利潤投入擴大工廠規模及改善生產技術,也不斷降低每噸鋼鐵的生產成本。1875年,卡內基鋼鐵廠每噸鋼的生產成本為58美元;到了1890年,成本降到一噸只有25美元。在這段期間,卡內基鋼鐵廠的銷售量與利潤都暴增。

此外,卡內基還用盡各種方法,調查競爭對手的成本結構。他的競爭策略是把生產成本降到整個產業中最低,如此他的定價就能比別人低,確保他能擁有龐大的銷售量,使工廠能在產能滿載下運轉。在景氣低迷時,卡內基會毫不遲疑地降價,儘管對手已經賠錢,他還是有利潤,體質較差的對手這時候就會被淘汰。

當產業景氣大好時，卡內基也會毫不客氣地漲價。

＊

　　本章是「金字塔九大絕招」的最基本招式，目的是介紹基本的成本觀念，並討論如何透過成本優勢來提升市場占有的掠奪力。這一招武功，即使在知識經濟中也一樣重要。

形成重視成本的組織文化

　　有些企業以成本為主軸的策略定位十分清楚。以沃爾瑪為例，它就以「每日低價」（everyday low price）著稱，因而沃爾瑪上下彌漫著以「控制成本」為主的文化氣氛。曾任沃爾瑪高階主管的伯格道（Michael Bergdahl）說了一個小故事：有一次創辦人華頓（Sam Walton）週末早會遲到，必須把車停在總部停車場的最後一排。華頓沿路走來看到許多賓士與BMW高級轎車，他為此大發雷霆，因為他擔心奢華之風會汙染儉樸、低調的沃爾瑪文化（隔天許多高階主管立刻換車）。華頓的兒子羅伯森（Robson Walton）在1992年接任董事長後，出差時仍保持傳統，和另一位同性員工同住一間房。這些軼事都顯示，沃爾瑪要把控制成本的精神變成公司DNA的一部分。

　　同樣地，個人擁有280億美元財富的瑞典家具公司IKEA創辦人坎普拉（Ingvar Kamprad），現在已經80歲了，他的座車車齡高達15年，搭機永遠只坐經濟艙。他以身作則，用節儉的美德來激勵IKEA員工。他說：「我們想為每一個人服務，包括窮人，因此我們必須壓低成本。」

最重要的成本觀念：機會成本

當你做下任何決策時，你都必須承擔成本。1991年諾貝爾經濟學獎得主寇斯（Ronald H. Coase）說過：「做任何事的成本包括『如果這個決策未被執行』時能獲得的利益。」這就是所謂的**機會成本**（opportunity cost）：因為選擇某個方案，就等於放棄了另一個行動的利益。因此，某個決策的機會成本決定於存在的其他選項。

那麼何者是卡內基的機會成本呢？若他選擇繼續與摩根競爭，他的機會成本是摩根購買卡內基鋼鐵公司的價錢，以及他晚年從事慈善事業的樂趣。前者高達4億8千萬美元；後者無法量化，但對決策有重要的影響力。

機會成本與財報損益表（statement of income）上的費用（expense）不同。費用指的是為了創造營收而必須付出的成本。舉例來說，某家二手車商將出售一台2年車齡的豐田Camry汽車，售價為新台幣80萬元，某個顧客願意出價70萬元，而這台車的購入成本為60萬元。就這個例子來看，二手車商的機會成本為70萬元，但會計費用為60萬元（毛利為售價減去費用，即20萬元）。在經理人的決策中，他們關心的重點是估算機會成本；但在編製損益表時，我們關心的重點則是收入減去所有費用的淨利（net income）。

100美元筆記型電腦的夢想

2005年12月13日，麻省理工學院（MIT）的尼葛洛龐帝教授（Nicholas Negroponte）提出100美元筆記型電腦的願景：「給第三世界國家的每個孩子一部電腦（one laptop per child，簡稱爲OLPC）。」這個議題引發科技界熱烈討論。MIT預計生產1億台這種超低價筆記型電腦，藉以有效縮小全球知識的落差。全球筆記型電腦龍頭廣達電腦表示，該公司有興趣投入100美元筆記型電腦的開發與生產。究竟100美元的筆記型電腦是門好生意？還是僅爲回饋第三世界國家的公益事業？

首先，我們必須進行策略性思考。100美元筆記型電腦是不是一個對的「價值命題」（value proposition），能爲廣達創造利益？這是一個有爭議的命題，英特爾董事長貝瑞特（Craig Barrett）就持反對看法。貝瑞特認爲，電腦的重點是功能，不是低價，因此100美元筆記型電腦的商機有限。但廣達董事長林百里說：「看衰只要普通智慧，看好需要高等智慧。」

售價100美元的筆記型電腦，若想維持5％的毛利率（與廣達目前的平均毛利相符），就必須把製造成本壓低到95美元以下。這個觀念在管理會計上叫做**目標定價法**（target pricing）與**目標成本制**（target costing）。簡單地說，就是：

目標成本（95元）＝目標價格（100元）－目標利潤（5元）

在過去，廠商會先算出成本，再根據設定的利潤計算出應有

的產品價格，這就是所謂的**成本加成法**（cost plus markup）。例如，產品成本為100元，希望達到20%的利潤，則定價為120元。但是目前產業競爭十分激烈，許多廠商會先考量，在提供某種附加價值的前提下，什麼樣的價格能為顧客接受，再依據產品的目標銷售價格回來降低成本。在目標成本制之下，產品的設計過程從一開始就必須進行財務分析，清楚告訴設計團隊成本控制的目標。

接下來，讓我們從最基本的觀念切入吧！

什麼是成本？

成本（cost）是為了創造經濟價值所消耗的資源。以筆記型電腦為例，最大的成本就是複雜的零組件，包括主機板、液晶面板、硬碟、光碟機、晶片組、記憶體、鍵盤、電池、電源供應器等。這些能直接追溯（trace）到產品的材料，叫做**直接材料**（direct material）。

目前筆記型電腦的生產，仍須依賴人工將這些零組件組裝完成，這些能直接追溯至產品製造的薪資（如第一線的生產工人及領班），就叫做**直接人工**（direct labor）。直接材料與直接人工，總稱為**直接成本**（direct cost）。

此外，在生產過程中，工廠的水電費、機器設備的維修費用、廠房與設備的折舊、保險費和稅捐等，這些成本無法直接追溯到產品，稱為**製造費用**（manufacturing overhead），又叫做**間接成本**（indirect cost）。一般而言，製造費用可能包含**間接人工**、**間接材料**與**其他製造費用**。顧名思義，間接人工是與生產無直接關

聯、但必須僱請的人力，例如打掃廠房的人力；間接材料則如維修機器所需的潤滑油和螺絲釘；其他製造費用包括設備的折舊、保險等等。在計算成本時，我們追溯產品或服務的直接成本，以及分攤產品或服務的間接成本（例如每單位產品分攤10美元房租）。有關成本分攤合理性的問題，將於第六章詳加討論。

因此，100美元筆記型電腦的**製造成本**（manufacturing cost），就是由直接材料、直接人工、製造費用等三項組成，亦即：

製造成本＝直接材料＋直接人工＋製造費用

廣達2004年度營業收入為3,244.5億元，總製造成本約3,074.5億元。兩者相減，毛利為170億元，毛利率為5.24%。如果要持續「保五」（即5%），這批100美元低價筆記型電腦的訂單，毛利率必須維持在5%以上。

如何控制成本？

欲控制成本，必須先了解成本的習性（behavior）。最常見的成本分類是區別變動成本與固定成本。**變動成本**（variable cost）指的是：成本的總數隨著生產量增減，呈現一定比例的變動。就筆記型電腦而言，零組件的成本就是變動成本，因為當生產量增加1倍時，液晶面板、鍵盤等的需求量即增加1倍。因此，在單位價格不變的假設下，直接材料的成本也會增加1倍。

固定成本（fixed cost）指的是：成本的總數不隨生產量增減而變動。例如，機器設備與廠房的折舊費用、稅捐及保險費，或

是生產部門主管的基本薪資等項目，不論筆記型電腦產量多寡，總成本皆固定不變。此外，一般工資與水電費都有半固定、半變動的情形，例如：不論產量多少，都必須支付最低額度的水電基本費或基本工資。但隨著使用量增加，這些成本也會跟著增加（例如加班費），這些成本我們稱為半變動成本。

如何做出成本只有95美元的低價筆記型電腦呢？假設工程團隊提出以下目標：

目標成本（95元）
＝直接材料（90元）＋直接人工（2元）＋製造費用（3元）

接下來，讓我們逐項討論。

改變直接材料的投入來降低成本

如何降低直接材料的成本，是目標成本制的重頭戲。由於零組件是筆記型電腦的最大成本，工程團隊必須發揮創意來降低這項成本。假設工程團隊經過仔細研究，提出表4-1的計畫，把目前低階筆記型電腦每台的直接材料成本，由450美元巨幅降低到90美元。

表4-1特別值得注意的是，手搖式充電電池的成本（每個17.5美元）比一般鋰電池（每個10美元）高出許多。因此，工程團隊決定捨棄傳統的微軟作業系統，改採免費的Linux作業系統來彌補。目標成本制的重點，在於使設計團隊努力發揮創意，找到解決方案，以持續地降低成本，而不只是單純地記錄成本。目標成

表4-1

（單位：美元）	目前成本	目標成本	降低成本的做法
主機板	10	2.5	選用CPU內建式主機板。
液晶面板	90	20	縮小面板尺寸，降低解析度。
中央處理器	90	22.5	改用AMD的中央處理器，而非Intel的中央處理器。
晶片組與記憶體	60	12.5	選用成本較低的動態存取記憶體。
作業系統	40	0	採用Linux的免費作業系統。
電池	10	17.5	由於第三世界國家的電力供應不穩定，為配合耗電量極低的Linux作業系統，採用成本較高之手搖式充電電池。
其他周邊設備	150	15	以快閃記憶體取代硬碟、以電子書模式取代鍵盤等。
總計	450	90	若有任何一項超過目標，必須以其他項目的成本降低彌補。

本制有一個基本準則：**如果不能符合目標成本，就不能開始生產產品。**

以生產單純化來降低人工成本

如何才能降低人工成本呢？目前廣達最大的客戶是戴爾電腦，戴爾最著名的就是客製化產品。每一個戴爾電腦的客戶，都能自由選擇不同的組裝零件，因此對廣達的生產線員工而言，戴爾每一批訂單所需的組裝時間與難度都不同。

相較之下，100美元的筆記型電腦是單一規格、大數量的組裝。對組裝線的員工來說，熟練度可以快速提升，因此組裝時間能大幅縮短，就可有效降低直接人工成本。目前負責組裝筆記型

電腦的直接人工薪資（包含裝配線員工與品質檢測人員），一個月約1千2百元人民幣。如果廣達能將單位組裝時間縮短，每台2美元的成本目標就可達成。

以規模經濟來降低製造費用

規模經濟（economy of scale）是降低成本的第一招，經常也是最為立竿見影的一招。規模經濟指的是：單位成本會隨著產量增加而逐漸下降。但是到了某一個低點之後，單位成本又會開始上升。因此，單位成本與產量之間的關係呈現U字型（見圖4-1）。

圖4-1

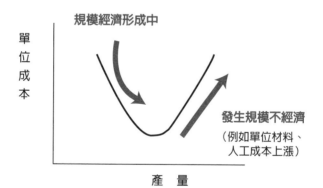

$$單位製造費用 = \frac{總製造費用}{總生產量} = \frac{總固定製造費用}{總生產量} + \frac{總變動製造費用}{總生產量}$$

$$= 單位固定製造費用 + 單位變動製造費用$$

由上式可看出，單位固定製造費用隨著總生產量增加而遞減，單位變動製造費用則假設為固定，就會造成單位製造費用遞

減的規模經濟現象。因此,廣達必須確認生產線的投資不能太
高、接單量夠大,才能使每單位製造費用降到3美元。當工程團隊
與財務人員完成95美元的生產成本評估,廣達的採購、生產、管
理部門就必須全力合作,把計畫變成事實。這就是目標成本制的
精神:**企業必須向顧客承諾未來降低成本的能力,並且加以實
踐。**

蒂芬妮的新敵人
——藍色尼羅河

看慣赫本(Audrey Hepburn, 1929-1993)在電影《羅馬假期》
(*Roman Holiday*)中優雅清新的造型,實在不習慣她在《第凡內
早餐》(*Breakfast at Tiffany's*)片中凝視蒂芬妮專賣店(Tiffany)
鑽石飾品的著迷神情。(事實上,赫本的角色原本是編劇專門為
瑪麗蓮夢露塑造的!)然而,「高貴很貴」的蒂芬妮,近年來出
現不少強悍對手。其中最具代表性的,便是在2001年至2004年連
續被《富比士》(*Forbes*)選為最佳線上珠寶零售商的藍色尼羅河
(Blue Nile)。

1999年,藍色尼羅河成立於美國西雅圖。創辦人瓦東(Mark
Vadon)發現,雖然鑽石的最終消費者是女性,購買鑽石的金主卻
多為男性。對於走進充斥著女性顧客的珠寶展示室,男性大多感
到不自在,因此上網是個可行的選擇。

藍色尼羅河與一般線上零售商不同之處,就是它將網站內容
聚焦在鑽石身上。該公司執行副總帕昆(Robert Paquin)曾說:

「我們不希望變成像亞馬遜書店那樣的綜合性商店。我們的客戶只想看鑽石，那麼我們的網站就只提供鑽石資訊，不會大打珍珠的廣告來干擾他們選購的心情。」

表4-2清楚顯示藍色尼羅河的成功關鍵：成本優勢。一顆由礦場售出、原始價格1,200美元的1克拉礦石，經過進口、拋光及切割等程序，加價比率高達490％，變成7,080美元（也就是1,200×590％）。藍色尼羅河以電子通路與進貨價格的成本優勢，使其定價硬是比一般實體珠寶商少了3分之1左右（1克拉最終售價約4,733美元），造就了強大的競爭力。

表4-2 藍色尼羅河與其他珠寶零售商之成本加價比率差異

1克拉原價 1,200（美元）	加價階段					最終售價 1,200× (1+加成 總和)
	裸鑽開採進口	切割拋光及批發	製成珠寶	珠寶零售	加成總和	
其他珠寶商	61%	109%	5%	67%	490%	7,080
藍色尼羅河	61%	96%	0%	25%	294%	4,733

成本與損失

成本是消耗資源以獲取未來利益；損失（loss）則是消耗資源而沒有獲得任何經濟效益。例如作業員搬運時不愼碰壞液晶面板，或是廠房失火造成毀損等，這些都是損失。有些項目看似爲成本，其實是經濟損失。舉例來說，假設裝配一台筆記型電腦的

人工成本在台灣為100元，在長江三角洲則為50元，雖然記帳時都可算作人工成本，但是對使用較貴人工的公司，每台筆記型電腦其實已承受了50元經濟損失。理由很簡單，兩地生產的筆記型電腦附加價值相似，市場上的售價幾乎相同，成本較高者，利潤必然較低，未來少賺的部分就是經濟損失。如果不去處理這種成本問題，等到少賺（甚至虧損）的事實發生後，經理人就會開始看到帳面損失。因此，經濟損失往往是帳面損失的先行指標。不重視管理的合理性，就會產生經濟損失。它的可怕之處在於不易直接觀察或衡量，反而容易被忽略或拖延。

成本動因是什麼？

成本動因（cost driver）指的是造成總成本改變的重要因素，例如：

1. **原油成本上升造成飛航成本上升**。2004年年初，國際原油每桶價格約為33美元；2006年5月時，每桶漲到超過70美元。原油價格上漲是航空公司最重要的成本上升因素。

2. **工資率上升造成公司人工成本上升**。長江三角洲2005年的平均工資為每月1,063元人民幣，中國大陸中西部地區則為723元人民幣，中間有47%的差距，這可能造成部分生產線向中國大陸中西部遷移。

3. **電影拍攝期間延長造成電影製作成本提高**。知名香港導演吳宇森以《斷箭》、《變臉》、《不可能的任務2》等片走紅好萊

塢。他表示，在好萊塢拍大型動作片有極高的成本壓力。據他估計，拍片進度每拖延一天，龐大的演員、劇組成本，就高達60至70萬美元。

由此可見，經理人的基本修練，就是要了解公司產品或服務的成本動因。

控制成本必須先控制成本動因

最容易失敗的成本控制方式，是全面性成本刪減，例如：要求所有部門全面減少20％的成本。事實上，欲控制成本必須先控制成本動因。舉例來說，航空公司機隊的複雜性（機型數目）會增加營運成本（第六章將進一步說明），因此減少機隊的機型才能真正降低成本。

此外，企業進行成本控制時經常發生**成本轉移**（cost shifting），而非真的使成本降低。成本轉移的現象就像捏氣球，被捏到的部位變小，但空氣跑到別的地方，總量並沒有變少。舉例來說，部分實施零庫存管理（just in time）的企業發現，若要降低生產材料的總庫存量，必須要求供應商依照生產需求，小量、多次地送貨，結果公司平均庫存雖然降低，但是供應商的成本提高，以至於增加進貨價格。因為庫存成本的降低正好被進貨成本提高所抵銷，總成本並沒有下降。此外，如果為了降低製造成本，採用品質較差的原料或素質較差的人工，可能會因為故障率增加，造成高額的維修保固成本，甚至增加未來法律訴訟的成本。

成本分攤的原因與重要性

企業之所以進行成本分攤，除了計算產品的間接成本，最主要的原因是協助決策管理與決策控制。

假設公司正研究是否購買一套昂貴的電腦系統，幫助部門經理人更有效地處理資料。如果高階經理人對使用者的真正需求一無所知，公司就必須詢問各部門的意見，再來進行採購。若各部門無須承擔該電腦系統的成本，他們很可能會要求規格過大、售價過高的設備，也容易過度使用這套設備（因為是免費使用）。

相對地，若經理人必須承擔該設備的使用成本（如每使用1個小時必須分攤100美元），則各部門的經理人在設備仍有閒置產能時，很可能有使用不足（under utilization）的問題。原因是使用該設備雖不會增加公司的成本，但是對各部門而言，所感受的成本卻是每小時100美元。然而，成本分攤有一個好處：經理人在使用該電腦系統時，會因為必須付出代價，將仔細考慮其效益是否足夠抵銷必須分攤的成本。

成本分攤對各部門的獲利狀況影響很大。以IBM為例，1980年代到1990年代初期，IBM將公司研究發展（R & D）的成本分攤給率先使用這些技術的部門，而隨後使用這些技術的部門就不必承擔費用。這種不合理的成本分攤方式，讓IBM許多部門的真正獲利情況被嚴重扭曲，例如：IBM先前宣稱PC部門持續獲利，但在1992年公司改變內部成本分攤的方法後，IBM才發現PC事業一直沒有賺錢。

成本是知識經濟的掠奪力要素

別以為在知識經濟之下成本就不重要，大錯。請看以下例子。

Skype的成本優勢

2005年9月14日，網路拍賣巨擘eBay宣布以相當於26億美元的價格，收購網路電話公司Skype。這個來自盧森堡、員工僅有200多人的小公司，到底有何獨特的價值？

Skype最主要的價值就是讓消費者能免費打電話。Skype開發出一套網路電話軟體，放在網際網路上供人免費下載。你可以打電話給任何一位正在使用這個軟體的使用者，不論他是坐在隔壁或隔了半個地球，都不必另外收費。

對競爭對手而言，Skype最致命的競爭優勢來自它免費的特性（目前通訊品質仍有瑕疵）。對電腦及網路的重度使用者而言，網路電話幾乎能完全取代傳統電話。當然，電腦與電腦之間使用Skype通話是免費的。如果透過電腦撥號到家用電話或手機，則稱為「Skype Out」。以下是目前Skype Out與中華電信傳統國際電話費率的比較：

表4-3 Skype與中華電信撥打國際電話之費率

以每分鐘計費為比較基準 （新台幣／元）	Skype Out	中華電信國際電話 減價時段
撥打美國	0.68	3.6～5.9
撥打日本	0.768	8.6～13
撥打中國大陸	0.68	6.9～13

雖然Skype Out必須預購點數才能使用，費率又依撥打地點有所不同。但根據表4-3，Skype Out的成本僅是傳統電信公司的10％至30％。如此便宜的價格，你能不動心嗎？

甲骨文的鯊魚經濟

科技界流傳一句話：「軟體公司就像是一條鯊魚。」這句話的意思是：軟體公司必須不斷吞併其他對手，擴張自己的客戶規模，才能維持生存。當軟體公司設計一套軟體時，大部分的成本在開發階段就必須支出，因此軟體的成本結構絕大部分是固定成本。相對地，筆記型電腦的生產就以變動成本（直接材料）為主。藉由增加客戶數來降低單位成本，就是軟體業的生存命脈。

2005年1月，美國企業應用軟體巨擘甲骨文公司（Oracle，市占率僅次於德國之SAP），宣布以103億美元併購當時市占率第4的仁科（PeopleSoft）。這個併購案曾引起美國司法部的注意，認為該併購案違反托拉斯法的規定，並提出公訴。法院最後判決甲骨文勝訴，而甲骨文執行長艾立森（Larry Ellison）在法院的答辯是獲勝關鍵。他說：「為了使產品更好，我們必須提高研發支出。但是，為了讓我們能在市場上推出具價格競爭力的產品，我們必須擁有更大的客戶群。因此，併購是我們能兼顧公司成長、增加研發投資的唯一路徑。」美國法官顯然聽得懂成本會計的原理。

Apple作業系統的規模經濟

蘋果電腦的麥金塔電腦（Macintosh）也有同樣的規模經濟問題。目前發展麥金塔作業系統Mac OS X的成本約為10億美元，與

微軟的視窗系統相差無幾。但是麥金塔的愛用者大約只有8百萬人（總使用者約為2千5百萬），而視窗的愛用者約為4億人。因此，光是每位使用者必須承擔的單位作業系統成本，麥金塔就比微軟的視窗高出近50倍。下一代作業系統的開發成本將高達15億到20億美元，對麥金塔的成本壓力更大。

由以上的例子來看，在知識經濟中，成本優勢仍舊是市場掠奪力的要素。

成本之外，還有人才

1985年，筆者前往匹茲堡念書。雖然匹茲堡早已不是教科書所言「世界的鋼都」，但是卡內基的影子似乎無所不在。我就讀的卡內基美隆大學，是由卡內基技術學院（Carnegie Institute of Technology）與美隆學院（Mellon Institute）於1967年合併而成。學校旁邊矗立著一座偌大的卡內基圖書館和博物館（他在全世界一共捐贈2千多座），門口刻著三個字「Free to People」（開放給所有人）。對於教育與知識分享，卡內基有無比的熱情。他自幼失學，所有的學習全靠自修，所讀的書籍則來自安德森上校（Colonel James Anderson）免費借出的私人收藏。終其一生，卡內基熱愛閱讀，對安德森尤其感念，而他也喜歡以捐贈圖書館的方式紀念安德森。

精確地衡量成本，並以成本優勢無情地掠奪市場占有率，固然是卡內基的絕招，但是他在墓碑上留下他成功的最重要秘訣：「在這裡安息的人，懂得僱用比自己更優秀的人才。」為了留住人

才，他把所屬事業股份的5％，拿來獎勵優秀的合夥人及員工。不過，他的授權只集中在少數高階主管。對於生產流程，他始終維持高度的中央控制。

　　如果把競爭力定義為附加價值除以成本，那麼除非企業能大幅增加附加價值，否則嚴格、有紀律的成本控制，仍是掠奪市場的重要手段之一。至於卡內基的「成本鐵鎚」，將繼續有英雄豪傑出來接棒。

參考資料

● Peter Berck, "Hard Driving and Efficiency: Iron Production in 1890," *Journal of Economic History*, Vol. 38, 879-900, 1978.

● Sean Silverthorne, "Where Does Apple Go from Here! - An Interview with David Yoffie," *HBS Working Knowledge* , Feb 2, 2004.

● 呂宗耀，「Skype是網路電話的推力也是阻力」，《數位時代雙週》，2004年10月1日。

● 李欣岳，「Skype與VoIP的雙料震撼：Talk Free的新電話時代！」，《數位時代雙週》，2004年12月15日。

● 王志仁，「電話‧網路‧媒體：三個角度，理解Skype民粹革命」，《數位時代雙週》，2005年8月15日。

05 建立標準才有複製力
——挖掘秦國地下兵團的智慧

2002年12月14日
北京人民大會堂／中國

下午1點30分，3樓的小禮堂裡擠進1千多名參加《英雄》首映會的來賓。不久後，小禮堂陷入一片漆黑，影像開始跳出。

　　在風沙橫野的地平線上，浮現了穿著黑色甲冑的秦國弩兵，他們組成的軍陣以緩慢而穩定的步伐前進。突然間，帶隊的軍官一聲令下，士兵們猛然席地而坐，後排的補給戰士快跑前進，在每位弩箭手前安置好弓具箭桶。士兵們搭箭後，猛然倒身以腳拉弓，在一聲「放箭」口令下，士兵們齊聲以陝西口音大喊：「風！風！風！」萬箭齊放，趙國城池裡的房舍被射穿成蜂窩。

　　2002年，知名導演張藝謀拍攝的武俠片《英雄》，在全球造成很大的迴響。儘管該片對秦始皇的詮釋引來不少爭議，但影評人及觀眾大都認為該片有傑出的視覺效果。片中最具震撼性的畫

面，莫過於上述秦兵攻打趙國城池的經典場景。對於秦軍弓箭的威力，大詩人屈原在《楚辭》中早有「帶長劍兮挾秦弓」的讚美。兩千多年後，張藝謀憑著想像，重現了秦弓在戰場上造成的震撼力。在北京人民大會堂的電影螢幕上，兩千多年前的秦國軍隊好像又活了過來。

電影對箭陣的呈現絕對是寫實的。在秦始皇的兵馬俑1號坑中，出土的大批箭頭與弩弓就是佐證。這些箭頭有3個鋒利的稜角，在射中目標的瞬間，稜角的鋒刃處會產生巨大的切割力道，能在150公尺內穿透皮製鎧甲。考古學家也驚奇地發現，這些箭頭的金屬混合成分幾乎完全一樣，箭頭的3個弧面也幾乎沒有誤差，形成一種接近完美的流線型。根據考證，即使齊國與楚國相距甚遠，但秦軍攻擊時留下的箭頭，其成分與外形幾乎相同。以司馬遷《史記》的記載推測，秦軍人數約為1百萬人，在他們與戰國群雄大大小小的戰役中，有多少這樣規格齊一的箭被發射出去呢？顯然，大規模作戰所帶來的戰具需求量，鞭策秦國兵工廠須具備高度標準化的量產能力。

在兵馬俑出土的兵器上，刻了大量人名，幫助後人了解秦朝的管理制度。考古學家搭配《呂氏春秋》中「物勒工名」（器具製造者要把自己的名字刻在器具上）的記載，考證出秦國軍備生產管理制度分為四級：

- **相邦**：就是丞相，相當於今天的國家總理。目前出土的兵器大都刻著秦相呂不韋的名字。
- **工師**：各兵工廠的廠長。

- **丞**：工廠的生產主任。
- **工匠**：實際生產兵器的工人。

秦國以征服六國為國家策略目標，這套管理系統記錄兵器的確切生產日期（資訊），任何一個生產品質問題，都能透過兵器上的名字查到負責人員。秦國實施嚴酷的連坐法，如果工匠出現品質問題，「主任」與「廠長」首先遭受處罰（誘因）。秦國的工匠未必是戰國七雄中技藝最高的，但是這些管理機制讓他們按照統一規格（基層員工沒有自由裁量權），製造出武裝百萬秦國雄師的高品質兵器。透過兵馬俑出土兵器那一絲不苟的「加工」痕跡，我們依稀能看到秦國工匠專注的眼神和戒慎恐懼的態度。

＊

本章的目的是討論標準化制度的觀念與工具。標準化的觀念遠在秦朝就已成為國家競爭力的重要基礎，而標準化制度的大規模推廣，更是20世紀生產力大幅提升的重要因素之一。本章將介紹標準化制度所衍生的標準成本制與差異分析，今天它們仍是相當普遍、重要的管理工具。此外，差異分析的精神更是管理上非常有用的思考技術，可以延伸到許多其他議題上。

福特以標準化製程圓夢

近代標準化的大規模生產始於汽車大王福特（Henry Ford, 1863-1947）。在20世紀初的美國，汽車是一項劃時代的運輸工具，每一輛汽車都是全手工打造，是專屬於有錢人的奢侈品。年

輕的福特就在當時推出獲利豐厚的福特A型車，他雄心勃勃地對股東說：「工人、農民才是真正需要汽車的人。我主張多生產低檔車，特別是標準化的大批量生產，把便宜實用的汽車賣給這些人。這才是我們公司的長期戰略！」

然而，當時工廠的組裝技術原始，根本無法進行標準化量產作業。偶然間，福特路過一個屠宰場，他看到牛隻送進屠宰場後，人員會先用電擊使牛隻昏厥，然後將牛隻放血，之後將放完血的牛隻吊起來，用電鋸開膛剖腹，最後才是各個部位的分割，這個過程分別由不同的人來完成。福特發現，這種流水化的作業流程具有高度工作效率，能運用於汽車製造。1913年，世界第一條汽車流水裝配線在福特的工廠誕生。這種生產技術的革命，使福特公司在當時連續創下汽車工業的世界紀錄：1920年2月7日，福特公司在1分鐘內生產1輛汽車；1925年10月30日，福特更進步到10秒鐘生產1輛汽車。這樣的速度讓世界為之驚嘆，更讓同業感到震驚。

1914年，福特生產了308,162輛車，超過美國其他299家汽車製造廠生產的總和。同年，為了提升生產效率，T型車不再有紅、藍、綠、灰等車色的選擇。福特高傲地說：「顧客要選任何車色皆可，只要是黑色的。」（也就是說，顧客對車子的顏色毫無選擇權。）到了1921年，T型車的產量已占世界汽車總產量的56.6%。由福特發揚光大的標準化製造流程，為後來的汽車工業發展樹立楷模，掀起了追求規模經濟效益的「大量生產」（mass production）革命。福特的生產革命讓T型車售價由1908年的850美元降至1916年的345美元；福特公司的獲利也由1908年的110萬美元，上升到

1916年的5,700萬美元，讓福特成爲當時的世界首富。然而，單純化、標準化、大量生產的信仰，後來也正是福特的致命傷。

豐田汽車的標準化思考

2005年，豐田汽車（Toyota）被美國《財富》（*Fortune*）雜誌評選爲「全球最受尊崇企業」的第2名（僅次於奇異電器）。在一個成熟且競爭劇烈的產業，豐田汽車在2005年賺了114億美元，超過世界其他12家著名汽車公司的總和。產業分析師預期，豐田汽車將於2006年取代通用汽車，成爲全球第一大車廠。豐田汽車是福特汽車最好的學生，它把標準化製程做到極致，但揚棄單純的規模經濟概念，能處理小量多樣的生產，並把庫存降到最低。

由以下的描述，我們可看出豐田汽車生產標準化的精緻程度。以轎車前座椅的安裝爲例，它被分解爲7道工序，進行安裝的汽車在流水線上速度平均、依序地通過操作人員，整個工序的時間爲55秒。如果一個工人在第4道工序（安裝前座椅螺絲）之前去做第6道工序（安裝後座椅螺絲），或者40秒之後還在從事第4道工序作業（一般來說，第4道工序要求在31秒的時候完成），這個工人的作業就違背標準作業流程。爲了及時發現這種狀況並加以糾正，豐田精確計量流水線通過每道工序的時間和長度，並按通過的時間和長度，在作業現場標上不同顏色的作業區。如果工人在超過的作業區進行上一道工序，檢測人員就能容易地發現，並及時糾正。除了生產作業之外，其他管理工作（如人員培訓、建立新模型、更替生產線、設備遷移等）也是按這種方法進行，例如

設備遷移（將設備從一個地方搬至另一個地方安裝）就被分解為14個活動，每個活動的內容、時間、順序也都有精確的規定。

讀者稍後會在第八章發現，豐田汽車主張在需要紀律的生產活動中，保持高度標準化；但在需要創意的生產活動中，讓員工擁有高度的彈性。

鈴木一朗達不到自己的高標準？

2004年，日本旅美球星鈴木一朗以單季安打262支，打破美國大聯盟高懸84年的希斯勒障礙，登上他個人棒球生涯的高峰。在2005年球季，鈴木一朗只打出206支安打（赴美發展以來最少的一年），比2004年少了56支。為什麼鈴木一朗達不到自己創造的高標準？首先，讓我們回顧2001年鈴木一朗赴美後的打擊統計資料。

表5-1 鈴木一朗歷年打擊統計

	打擊次數	打擊率	安打數
2001	692	0.350	242
2002	647	0.321	208
2003	679	0.312	212
2004	704	0.372	262
2005	679	0.303	206

我將鈴木一朗2005年成績的下滑，做個小小的分析。安打數由兩個因素組成，一個是打擊率，另一個是打擊次數。

安打數＝打擊率×打擊次數

接下來,以鈴木一朗2004年創造的最好打擊率(0.372)與打擊次數(704次)為標準,來進行分析。

$$-56=安打數的下降=2005年安打數-2004年標準安打數$$
$$=2005年打擊次數\times2005年打擊率-2004年打擊次數\times$$
$$2004年打擊率$$
$$=679\times0.303-704\times0.372$$

安打數的下降可分解成兩個因素:打擊率下降與打擊數下降。在探討打擊率下降的原因時,先固定鈴木一朗2005年的打擊次數;在探討打擊次數下降的原因時,則固定2004年的打擊率。也就是說,分析時一次只允許一個因素變化,而固定另一個因素。

圖5-1

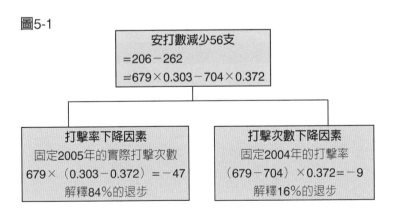

從圖5-1的分析可發現,鈴木一朗在2005年賽季減少的56支安打,有9支(16%)是因為打擊次數下降所造成,這可能是因為傷

病或其他因素使打擊數減少，其他47支（84％）則歸因於打擊率下降。

事實上，鈴木一朗在2005年賽季的表現仍相當了不起。2005年的大聯盟賽季中，他的206支安打高居第2，僅次於德州遊騎兵隊（Texas Rangers）楊恩（Michael Young）的221支安打。在競爭異常激烈的美國職棒聯盟，3成以上的打擊率在2005年也僅有33位選手達到。

在這個例子中，我們可拿鈴木2005年的成績和他過去的最高標準比較，也可以和產業的平均值（大聯盟）比較。關於安打率和安打數的變化，背後各有一系列的「為什麼」，值得進一步探討。

問「為什麼」是極重要的管理方法，例如豐田汽車的管理，強調詢問每個員工5個「為什麼」，以便一層層地深入問題核心。

標準成本制與差異數分析

成本是組織從事價值創造活動的資源消耗。當組織建立標準動作與標準流程時，這些動作及流程同時也產生**標準成本**（standard cost）。以第四章討論的100美元低價筆記型電腦為例，我們可把標準成本設定在每台95美元，其中材料的標準成本是每台90美元，人工的標準成本是每台2美元，製造費用則是每台3美元。

當然，實際成本通常不會與標準成本完全一致。如何從實際成本與標準成本的差異數中分析原因，用以評估績效、作為後續改進的參考，就顯得格外重要。在這一章，我將介紹能增進企業自我學習功能的**差異分析**（variance analysis）。標準成本制的差異

分析（觀念架構請參見圖5-2）先由建立標準流程與標準成本做
起，接著計算標準成本制之下的差異數（稍後詳述），理解造成差
異的原因，並在組織內透過充分溝通，確認當由哪些人員擔負改
善差異的責任。如果差異是因標準制定不當而產生，則企業必須
回過頭來修正標準。以下我將利用直接材料，說明差異分析中差
異金額的計算。它的基本精神，與上一節分析鈴木一朗安打數變
化的做法一致。

圖5-2

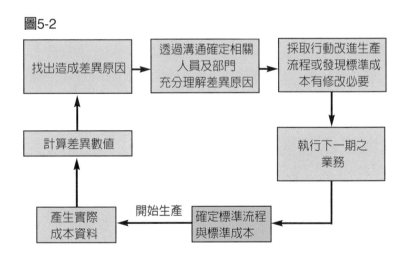

範例：直接材料的差異分析

差異分析可應用在材料成本的變化上，請看以下說明。

假設劉備電腦公司以生產筆記型電腦為主，最重要的直接材
料為17吋液晶面板。本年度預計產出950,000台筆記型電腦，耗用

的標準面板數預計爲1,000,000件（考慮瑕疵與搬運時毀損），標準進料成本爲每片150美元（以2006年1月市場平均報價爲準）。現假設實際生產量與預計生產量一致，但實際耗用面板數爲1,150,000件，實際進料成本爲每片140美元。

劉備電腦公司17吋面板之直接材料差異分析數爲：**實際直接材料成本－標準直接材料成本**。

表5-2

		實際採購價格		實際使用數量		
實際材料成本	=	140	×	1,150,000	=	161,000,000
		標準採購價格		標準使用數量		
標準材料成本	=	150	×	1,000,000	=	150,000,000

我們自表5-2發現，成本差異數爲1,100萬（161,000,000－150,000,000）。由於實際成本高於標準成本，我們稱之爲不利差異（unfavorable variance）。至於面板成本的不利差異，可分割爲價格差異（price variance）和數量差異（quantity variance）。價格差異指的是：在實際液晶面板耗用量下，因實際採購價格不同於標準採購價格而產生的差異；數量差異則是：在標準價格不變的假設下，實際耗用的液晶面板數量不同於標準耗用數量導致的差異。

由下頁圖5-3可看出，價格差異屬於有利差異，因爲每片面板的採購價格比標準價格低了10美元（140－150），代表企業在採購上的績效優於原先預定的標準。但必須進一步了解的是，有利的價格差異究竟是因爲採購部門的有效談判，還是整體液晶面板市場的降價。至於此處的數量差異，則屬於不利差異。因爲實際面

圖5-3

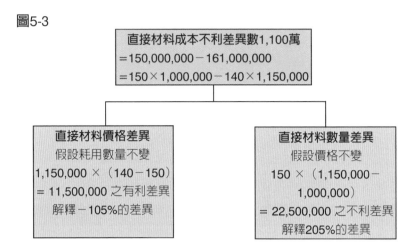

直接材料成本不利差異數1,100萬
＝150,000,000－161,000,000
＝150×1,000,000－140×1,150,000

直接材料價格差異	直接材料數量差異
假設耗用數量不變	假設價格不變
1,150,000 ×（140－150）	150 ×（1,150,000－
＝ 11,500,000 之有利差異	1,000,000）
解釋－105%的差異	＝ 22,500,000 之不利差異
	解釋205%的差異

板耗用量較標準量多出15萬片（1,150,000－1,000,000），這種明顯不如預期的生產表現，管理者必須深入了解問題何在（例如進貨時的瑕疵或搬運時的毀損）。

此外，由於價格差異與數量差異分別由採購及生產部門負責，如果我們無法徹底了解原因，將無法進行有效、公平的績效評估並提出改善措施。

我們可用類似的方法分析人工成本與製造費用。以劉備電腦公司為例，在中國大陸的生產線上，標準人工成本設定為月薪1,200元人民幣，而每台筆記型電腦的標準組裝時間設定為25秒。根據這個標準值，我們能分析人工成本的變異有多少是因為工薪率變動、有多少是因為勞動力效率（組裝時間）變動所引起。

目前仍有大量的公司採用標準成本制，但也有部分公司決定捨棄標準成本制（例如1980年代中期的豐田汽車）。捨棄標準成本制的可能原因有以下兩個：

1. 當工廠自動化程度提高，人工成本所占比重大幅減少。部分標準成本制原來的主要目的，是為了控制人工成本，在新的生產環境下這種效益逐漸降低。

2. 由於彈性生產制度（flexible manufacturing）的興起，新的設備、生產技術或製程的導入及改良，會立刻造成標準成本制之下產品標準成本的變動，而過多的變動將使實施標準成本制的成本提高。

標準成本制的誘因效果

前述的討論，集中在分析標準成本制所產生的管理資訊，但標準成本制可能引發下列微妙的誘因效果。

存貨增加

當企業以直接材料的價格差異作為採購經理績效評估的依據，他們會有累積存貨的誘因。因為降低單位採購成本的最有效方法是大量採購，甚至採購超過需要的數量，因而造成過多庫存。欲解決這類問題可採用下列方法：

1. 將採購部門存貨積壓的機會成本（例如積壓資金的利息）與倉儲成本列入績效評估。

2. 採用即時採購機制（just-in-time purchase），採購部門只有在生產線有需求時才能進料，避免無謂的庫存累積。

增加外部成本

採購經理另一個創造有利材料價格差異的方法，便是購買價格便宜但品質較差的材料。材料品質不良容易造成生產部門的額外成本，例如不良品的比率增加，或是機器故障率增加。為了避免這種問題，企業必須訂定採購原料的品質規格並加以檢驗，或是要求採購部門承擔部分不良品的財務後果。

妨礙合作意願

如果員工的績效主要決定於他個人的人工數量差異，那麼員工可能會不願支援同伴，對團隊合作產生不良影響。除了考量個人績效外，可能的解決之道是同時也考量部門績效。

安於現況

如果經理人只要達到標準就獲得獎勵，他們也知道一旦績效好過標準，未來的標準會愈訂愈嚴，那麼他們容易以達到目前的標準為目標，安於現況而不追求突破。當員工總是能把績效控制在標準範圍內，反而可能是不正常的現象。因此，持續性地提高標準有其必要。

台塑用標準成本制持續獲利

王永慶先生成立於1954年的台塑公司，50多年來保持穩健的成長與獲利，是台灣最優質的企業之一。台塑企業管理的背後有

一個堅實的靠山，也就是標準成本制。台塑的每個產品都有一個精算出的標準成本可參考。在生產過程中，一旦某項產品的實際成本高過標準成本，電腦就會馬上發出異常的警告訊息。每個月月底結帳後，在隔月的第二天，每個事業部主管會立刻收到該部門的完整統計報表。這些主管須針對報表異常點進行後續檢討、出具報告，解釋為何不能達成目標，並尋求改善方案，直到電腦系統不再發出異常訊息為止。

以台塑麥寮廠為例，生產流程一旦出現異常，數字不但會立即透過電腦系統傳輸到相關主管（如課長、廠長）的手機，甚至也會出現在台北總經理室幕僚的電腦螢幕上。如果異常數字不消失，那麼主管手機上的訊息也不會消失。另一方面，台塑標準化的程度也表現在應收帳款系統的管理。台塑對每一個客戶都設有各自的賒帳標準，例如：某客戶的賒帳標準訂在1千萬元，卻賒欠了1千萬零1元，那麼電腦也會視為異常，要求相關人員盡速追蹤處理。

差異分析的延伸

本章介紹的標準成本制與差異分析，雖牽涉許多數字的計算，但讀者應把它視為管理的思考方法，而非刻板的計算公式。

課責性（accountability）是會計的核心概念。課責性包含兩層意義：第一，忠實地呈現事實（fact）；第二，解釋造成變化的原因為何（explanation）。在管理會計中，差異分析是表達課責性的好方法。在最基本的差異分析中，便是提供資料顯示實際數與

預期數（或標準數）的差別；若是更進一步的差異分析，則著重
於提出造成差異的細部原因。上述的直接材料成本差異分析，主
要目的是了解價格變動（價格差異）及生產過程效率（數量差異）
造成的影響。本節將把差異分析延伸至其他管理問題上，請看下
列的例子。

健保藥費成本的跨期分析

本例分析的問題很簡單：在某段期間內，健保局有關65歲老
人的藥費支出為何上升。必須注意的是，這裡比較的不是當期成
本與標準成本的差異，而是當期成本與前期成本的差異。

我抽樣選擇台北市21家醫院，檢視在某期間內老人藥費的變
化，發現增加了1億7千6百萬元。如何進一步解釋變化的原因呢？
我將藥費增加的可能原因拆解成6個因素（參見圖5-4）。我不是醫
藥專家，但是這個例子可以利用常識推斷。當每個人看病時，醫
師會針對症狀開立一張處方籤，上面列用什麼藥、每種藥的價
格、用幾種藥、用藥幾天、每天幾顆等資訊。因此，總藥費支出
不外是平均每張處方籤金額乘以全部處方籤數目。本例的分析結
果摘要請見圖5-4（詳細分析過程與各種變異數的精確定義，詳見
參考資料Liu and Romeis, 2003）。

由本例的分析可發現，在該段期間內，健保老人藥費增加的
最主要原因，是每張處方籤的藥價大幅增加（為69.2%），而健保
局可針對這個現象進一步加以分析。因此，這樣的藥費差異分析
提供了提醒注意（attention directing）的管理功能。

圖5-4

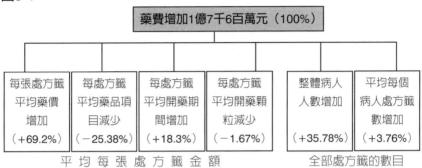

銷售面的差異分析

差異分析除了應用在成本面，也能應用在銷售面，協助經理人對顧客及市場行為有更深入的了解。

2002年，IBM前執行長葛斯納（Louis V. Gerstner）出版《誰說大象不會跳舞》一書，大談改造「藍色巨人」IBM的經驗，他在書中提到的種種成功經驗都值得高階經理人借鏡。但是在葛斯納任內，IBM的PC部門讓他十分棘手。雖然IBM的PC部門總營業額高達數百億美元，更得過不少技術成就或設計獎（尤其是ThinkPad筆記型電腦系列），但是15年來卻沒有為IBM帶來獲利。

回到1990年代，PC產業當時方興未艾。這裡假設：IBM的PC部門在某年預期整體PC市場規模應有5,000萬台，IBM之市場占有率約為20％，IBM每台PC的預期售價為1,000美元；最後的實際市場規模高達6,500萬台，IBM的PC擁有18％的占有率，實際售價與原先預期的1,000美元相同。

根據上述的假設，當時IBM的PC部門銷售額為117億美元

圖5-5

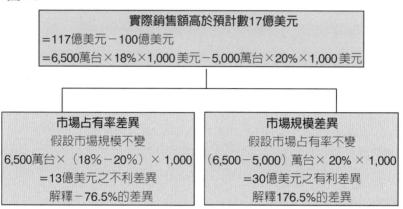

（6,500萬台×18％×1,000美元），比預估值100億美元（5,000萬台×20％×1,000美元）高出17億美元。看起來，IBM的PC部門呈現營收成長。然而，這是不是優異的表現呢？

我們必須將銷售額區分成市場規模因素與市占率因素：

銷售額＝市場規模×市占率

如果銷售額是績效評比的唯一標準，那麼較預期數高出17％的銷售成績是值得嘉獎的。可是，由圖5-5我們可發現，當整體市場規模有著高出原先預算30％〔（6,500－5,000）÷5,000〕的成長，但IBM的PC部門市占率卻從預期之20％下跌至18％，這顯然是一個嚴重的警訊。因此，單純以銷售金額的變動來論斷成長力道會產生盲點。我們必須了解，究竟有多少應歸功於市場規模的擴張，有多少又應歸功於市場占有率的提升。就這個例子來說，我們可明顯地看出，如果IBM的PC部門能維持原先預期的20％市

占率,它的實際銷售額將不僅是超過預算數17億美元而已,應該要超過預期營收30億美元才算合理。在快速成長的市場中,市占率下降絕對是個嚴重的問題,經理人千萬不能因營收成長而沾沾自喜。

標準化與知識管理

台積電是台灣知識管理的佼佼者,而知識管理與作業流程的標準化有著密切關係。台積電各工廠每天早上由廠長召開1小時的生產會議,會中討論工廠前一天發生的營運事務。會議紀錄分門別類地歸檔,讓相關人員可以參閱,達到知識傳承的功用;台積電的資料中心則專門列管上述資料。由於台積電對廠務幾近完善的知識累積,使得許多廠區的自動化程度高達95%以上。再者,台積電也累積了許多「教戰手冊」,讓技術人員能在最短時間內學到應有技能。舉例來說,技術人員可從6吋、8吋、12吋晶圓廠每座機台的教戰手冊中,了解上機時可能碰到的種種困難,以及排除困難的應對方式。此外,台積電為累積知識,還在各個廠區配置專人負責技術整合,使各廠區的技術及經驗分享更有效率。為了提供適當的誘因,在台積電的人事考核項目上,他們把員工能否將工作經驗適當記錄、歸檔、分享等列為重要的衡量指標。

台積電的知識管理機制係由「技術委員會」主導。該委員會共分成廠務、照相區、爐管區等8個子委員會,每個工廠的相關人員會在各委員會裡溝通、交流資訊,並形成共識。例如,哪種機台良率最高、效能最佳,日後擴建新廠就採用大家公認最佳的機

台。這種高效能知識管理，造就台積電8吋晶圓廠創下95％以上良率的世界紀錄。

但是，知識管理所強調的標準化、規格化，會產生智慧財產安全性的問題。在沒有效率的知識管理體系中，知識零星地儲存在許多人的腦袋裡；在完善的知識管理體系中，一個檔案、一片光碟就可能彙整數千人、數十年的寶貴經驗。如何防止機密外洩，就成為知識管理標準化的另一個重要課題。

再強大的人也會失敗！

1999年，福特被美國《財富》雜誌評選為20世紀最有影響力的企業家，他以標準化的生產體系創造了汽車業。標準化代表強大、低成本、可複製性的商業力量，目前仍是企業經營的重要法寶。但是，過度執著於標準化、單純化及規模經濟，也正是福特的致命傷。

1920年代，在福特T型車獨霸廉價小型車市場多年後，汽車消費市場的口味已經出現巨幅轉變。價格不再是購買汽車的唯一考量，追求時髦變成當時消費者的渴求。經銷商也一再要求福特公司，必須製造更能迎合顧客口味的新車型，固執的福特卻不願為他心愛的T型車進行改變。當時，福特最主要的競爭對手是通用汽車董事長史隆（Alfred Sloan, 1875-1966）。史隆決定生產同屬低價位、卻有多種顏色、還可依顧客需求選裝配備的雪佛蘭（Chevrolet），售價僅需190美元的黑色福特車，銷售量因而一落千丈。1927年5月，福特公司在生產超過1千5百萬輛T型車之後，忍

痛宣布停產。之後，福特汽車的業務一路低迷，差點破產。

　　曾經有人詢問微軟董事長蓋茲（Bill Gates）：「在20世紀最有影響力的企業家中，你最崇尚哪一位？」蓋茲推了推眼鏡，他回答：「通用汽車的史隆先生。」接著他補充：「但是我在辦公桌上擺了福特的照片。對我來說，福特是個警訊。他彷彿在時時提醒我：再強大的人也會失敗！」生產標準化、服務標準化迄今仍是可敬的競爭力，但高階經理人思想的僵固化與標準化，則是令人背脊發涼的現象！

參考資料

● Shuen-Zen Liu and James C. Romeis, "Assessing the Effect of Taiwan's Outpatient Prescription Drug Co-Payment Policy in the Elderly," *Medical Care*, 41 (12), 1331-1342, December 2003.

● 車訊網「福特100週年特輯」，網址：http://www.carword.com/special/ford100/0.aspx

● 康麗，「汽車帝王福特」，《88位世界富豪的成長記錄》。北京：中國戲劇出版社。2004。

06 以簡御繁才有穿透力
——學好作業基礎管理

Production

2003年7月23日
白宮／美國華盛頓特區

Date　　　Day/Night　Sync/Mute

下午3點鐘左右，華盛頓特區的氣溫高達攝氏30度，炎熱又潮濕。美國總統布希在白宮西廂召開記者會，頒發象徵美國公民最高榮譽的自由勳章（Medal of Freedom）。

在受勳人員當中，最引人注目的是高齡92歲、腰桿仍挺得筆直的伍登（John Wooden）。布希總統為他佩戴勳章，感性地說：「伍登教練，你教導了好幾個世代的年輕學子，告訴他們什麼是勤奮、紀律、耐心及團隊精神。」

1999年，伍登被票選為美國20世紀最佳籃球教練（885勝，203敗，贏球率高達81.3％）。在1940年到1975年間，伍登率領的加州大學洛杉磯分校（UCLA）籃球隊，10次奪得全美大學聯賽總冠軍，其中還有7年是連續稱霸（1966-1973），他並保有4個完美球季的紀錄（當季30勝，0敗）。儘管伍登有這麼輝煌的戰績，最有趣的是，在他將近30年的教練生涯中，他從未要求球員「贏球」。

他對選手宣示：「所謂的成功，是自覺已竭盡全力追求完美之後，所感到的自我滿足與內心平靜。」球隊竭盡全力後仍然輸球，他衷心讚美；球隊未盡全力卻僥倖贏球，他便嚴厲責備。伍登總是告訴他的球員，別管計分板上的分數，而要同心齊力打一場好球。

長期盤據美國NBA生涯得分王寶座的賈霸（Kareem Abdul-Jabbar，總共得到38,387分）曾是伍登的門生。第一次見到伍登時，賈霸才17歲，而伍登已經57歲了。伍登要求選手做的每一個動作，他一定自己先示範一次。在球員平時的訓練中，年近60歲的伍登和年輕球員們每秒都在移動，全場不停地奔馳，因為他要求「速度、速度、速度」。伍登除了在領導上以身作則外，還要求球員做好每個「對」的基本動作（fundamentals）。他教球員的第一個動作，就是要大家一起坐下來，把運動襪的每一條皺褶撫平，再服貼地把兩雙襪子逐一穿上，因為這能降低腳底起水泡的可能。伍登也教球員如何牢牢地把鞋帶繫好，因為在激烈的練習和比賽中，鞋帶隨時有鬆脫的可能。他相信「冠軍隊贏在完美貫徹每個細微的動作中。」

伍登不談「致勝」卻能常勝的秘訣，便是他專注於帶來贏球的領先活動（leading activities）。當所有選手都能貫徹這些對的、具有附加價值的活動，贏球的機率自然大增。相對地看，企業領導人的責任則是找到關鍵活動，並使企業內的所有人全心聚焦於這些活動，如此公司自然容易成功。現年已經95歲的伍登，仍熱愛於傳授這個簡單的觀念：「什麼是競爭性的卓越（competitive greatness）？那就是當競爭環境要你達到巔峰時，你能竭盡所

能、全力以赴。」伍登常說：「想像你每一個動作都有穿透地板的力量！」對伍登而言，動態、複雜的籃球運動，可以化簡成一個個簡單、「對」的活動。

＊

本章首先介紹**作業基礎成本制**（activity-based costing，簡稱ABC），它的基本精神就是：將每項產品或服務拆解成一個個最基本的作業活動，再利用精確的成本追溯及成本分攤方法，計算出合理的成本。以作業基礎成本制的精神來看通盤的管理，就是所謂的**作業基礎管理**（activity-based management），它好比伍登教練的簡單法則，強調每個動作都要對顧客具有附加價值。

許文龍大戰謝水龍

有「台灣壓克力之父」美譽的許文龍先生，於1953年以200萬元創立奇美集團。在特殊工程用塑膠產業中，奇美集團是目前全世界最頂尖的廠商之一。在奇美創業的早期歷史中，有一段「許文龍大戰謝水龍」的有趣故事。

謝水龍是個富商，財大氣粗、霸氣十足。他慣用削價競爭的手段，在競價期間一律「買一送一」，比賽看誰先「撐不住」。一旦對手因不堪虧損退出市場，謝水龍立刻將價錢調漲3倍，在短期內獲取暴利。在早期的壓克力市場，由於許文龍苦心經營，他在短時間內就打開知名度，但也引起潛在競爭對手的覬覦，其中謝水龍就是最大的威脅。許文龍明白他沒有削價硬拚的本錢，一番深思後，他找到了謝水龍的罩門。

謝水龍的工廠生產方式落伍，1天僅能生產20片左右的壓克力板。為了省事，謝水龍還以「論重量」的方式來賣壓克力板，忽略了「薄板耗工，厚板省工」的基本道理。對謝水龍的工廠來說，5片1厘米的壓克力板與1片5厘米的壓克力板，都賣同一種價錢。實際上，薄板的人工成本較厚板高出許多，良率也較低。許文龍謀定而後動，決定堅持不降價，甚至故意提高薄板價格，將薄板客戶全數推給謝水龍。結果謝水龍的薄板做得愈多，虧得愈多；工廠趕貨的結果，造成品質日益低落。3個月後，當初倒向謝水龍的最大客戶——台灣日光燈公司——回頭找奇美進貨。謝水龍也因為不堪虧損，最後退出壓克力市場。至此，台灣壓克力市場正式「天下一統」。

在台灣企業早期的成本管理實務中，這是最經典的一場戰役。許文龍深知壓克力產業的成本習性，所以能精確掌握產品的實際成本，避免因成本扭曲而訂出讓公司虧損的售價。謝水龍卻一味迷信過去無往不利的競價策略，終於敗下陣來。由此可見，在商業戰場上，企業必須對成本有精確的認知與控制。接下來，本章將正式介紹作業基礎成本制。

柯普朗發展作業基礎成本制

作業基礎成本制的構想，主要由知名管理會計學者柯普朗（Robert Kaplan）所提出。柯普朗在卡內基美隆大學任教16年，並擔任商學院院長6年（1977-1983）。1985年，筆者前往匹茲堡攻讀博士學位時，他剛離開卡內基美隆大學轉往哈佛大學任教，但經

常回匹茲堡講學。有一天，同學間流傳「柯普朗要回來發表一篇重要演說」的消息，據說他將批判傳統的成本制度，也會提出一套新看法。那是一個週五的下午，商學院演講廳裡水洩不通，聽眾充滿期待。

柯普朗的開場白是一個看似簡單的生產問題。假設某工廠有以下兩種生產情境：

1. 只生產一種黑色鉛筆10萬支
2. 生產黑色、紅色鉛筆各5萬支

這兩種情境的總生產量都是10萬支。柯普朗劈頭問我們，這兩種情境的生產成本會不會相同？當時我怎麼也沒料到，這個例子的延伸，竟是1980年代以後成本制度最大的改革。在同學們此起彼落的回答後，柯普朗開始生動地描述，生產兩種不同顏色的鉛筆對成本造成的影響。

如果製筆廠由生產紅色筆切換成生產黑色筆，工廠必須把模具中的紅色顏料清洗掉，再換成黑色顏料。在這種情況下，些許紅色顏料的殘留會被黑色顏料掩蓋，並不會造成黑色筆顏色不合標準。然而，如果在製造紅色筆之前，前一批生產的黑色筆有顏料殘留，那麼整批紅色筆的品質將大受影響。為了避免重製及後續的品質問題，在轉換顏料的作業上，工廠必須花費額外時間，造成生產成本上升。而且，為了處理生產紅色筆或黑色筆的排班問題，工廠又須多僱用一個職員，造成間接人工成本的增加。柯普朗以這個看似簡單的例子，說明產品線複雜化之後，自然產生

的額外「作業活動」（activities）。若能精確描述這些作業活動的成本，我們才能了解何以生產10萬支兩種顏色的筆，成本會比生產10萬支一種顏色的筆高出許多。作業基礎成本制就是因應生產環境複雜化後，所造成的成本混淆及扭曲現象。

作業基礎成本制範例

在成本的計算中，由於直接成本比較容易精確地追溯，不容易造成誤導，問題癥結大部分在於扭曲間接成本（製造費用）的分攤（allocation）。作業基礎成本制的重點，就是把間接成本詳加區分，使它的分攤更合理化。而精確、合理的成本資訊，能協助企業進行其他重要的管理決策（例如訂價）。

這裡將以美國航空科技公司（Aerotech Corporation）的鳳凰城廠為例，討論它如何採用作業基礎成本制，進行製造費用分攤的變革，算出較精確的單位成本，並改善其訂價決策。

假設該工廠生產三種電路板（Model 1、Model 2、Model 3，資料參見表6-1），以下先討論傳統成本制如何分攤製造費用。

傳統成本制度

為了計算產品的單位成本，除了追溯單位材料及單位人工成本，還必須計算單位製造費用。至於單位製造費用，我們通常選用一個簡單的基準來進行成本分攤。在傳統的生產環境下，人工成本占了很大的比例，因此許多公司採用直接人工小時作為製造費用的分攤基準，鳳凰城廠以往也如此。假設在傳統成本制度之

表6-1 鳳凰城廠採用傳統成本制度下的生產及成本資料

（單位：美元）	Model 1	Model 2	Model 3
預期生產量	10,000片	20,000片	4,000片
①直接材料	50／片	90／片	20／片
②直接人工 （1小時工資為20美元）	60／片 （耗工3小時）	80／片 （耗工4小時）	40／片 （耗工2小時）
預期直接人工小時使用量	30,000小時	80,000小時	8,000小時
③製造費用（間接成本） （1人工小時分攤28.67美元）	86／片	114.66／片	57.33／片
④單位製造成本（①+②+③）	196／片	284.66／片	117.33／片
目標售價（加成率25％； ④×1.25）	245／片	355.83／片	146.66／片

不易出錯｛①直接材料、②直接人工

問題癥結→③製造費用（間接成本）

下，間接製造費用金額為3,382,600美元，三種電路板耗用的直接人工小時總共為118,000小時（30,000＋80,000＋8,000），則製造費用的成本分攤率是每人工小時28.67美元（3,382,600÷118,000）。因此，只要電路板使用的人工小時愈多，它所分攤的製造費用也愈高（分別為每片86美元、114.66美元及57.33美元）。這種成本分攤方法背後隱含一個假設：人工小時是製造費用的主要成本動因。這個假設合理嗎？作業基礎成本制會顯示它所造成的扭曲。

作業基礎成本制

航空科技公司會計長迪更斯（Chuck Dickens）檢視鳳凰城廠的營運績效後，發現廠區的獲利率不斷下跌，銷售量卻未出現大幅衰減，這令他頗為困惑。他懷疑可能是成本制度扭曲，導致訂價出錯。迪更斯決定嘗試作業基礎成本制，藉以獲得較精確的單位成本資訊。他除了召集會計部門人員，還邀請製造部門的主管

及工程師，成立一個跨部門的專案小組。這個小組花費好幾個月的時間，收集及分析相關成本資料。迪更斯發現，三種電路板消耗的製造費用與多種成本動因有關，與人工小時反而不甚相關。迪更斯的改革重心是把製造費用的分攤精細化，由採用一個成本分攤基礎（人工小時），擴張成採用三個成本分攤基礎（機器小時、設定次數及工程師時間比例，見圖6-1）。

圖6-1 傳統成本制vs.作業基礎成本制

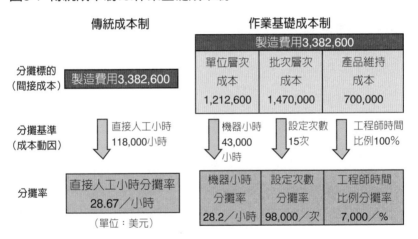

航空科技將製造費用依作業活動特性，區分爲三種成本類型：

1. **單位層次成本**（unit level）：每多生產一單位產品，便會增加使用的資源。在此例中，我們假設它是電路板通過機台所造成的機器成本，金額預估爲1,212,600美元，其中包含機器設備的

表6-2 作業基礎成本制下的成本階層與成本動因

成本階層／成本動因	Model 1	Model 2	Model 3	耗用製造費用
機器成本／機器小時 （單位產品耗用 　機器小時）	10,000小時 （1小時）	25,000小時 （1.25 小時）	8,000小時 （2 小時）	1,212,600
設定成本／設定次數	1次	4次	10次	1,470,000
工程成本／工程師 時間比例	25%	45%	30%	700,000

（單位：美元）

維修、折舊及電力等成本細項。合理的成本分攤，是以產品使用的**機器小時**為基礎。

　　2. **批次層次成本**（batch level）：與生產批次有關，但與產品生產數目無關的成本。在此例中，每生產若干單位的電路板，就要停下來調整生產線的設定成本（setup），這就屬於批次層次成本。設定成本金額預估為1,470,000美元，其中包含各種生產線檢測、預校、數據設定等成本。合理的成本分攤，是以生產線的**設定次數**為基礎。

　　3. **產品維持成本**（product-sustaining level）：與生產量或批次無關，是維持整體生產線的花費。例如，工廠僱用一批工程師專門維修整體生產線，這些工作所耗用的成本即屬此類。在此例中，假設工程成本為700,000美元，其中主要包含工程師薪資、工程備件、工程軟體支出及工程設備折舊等成本。合理的成本分攤，是以工程師在每條生產線上**耗費的時間比例**為基礎。

　　這三種成本類型的資料彙整於表6-2。

機器成本的分攤

我們依照表6-2的資訊，分別計算各項製造費用，首先檢視單位機器成本（見圖6-2）。

圖6-2 機器成本的分攤

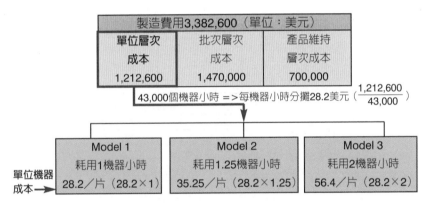

註：生產三種電路板所需的總機器小時為43,000（10,000×1＋25,000×1.25＋8,000×2），資料參見表6-2。

在圖6-2中，我們清楚看到Model 3是最資本密集的產品，每單位使用2個機器小時，因此分攤的機器成本最高（每單位56.4美元）。

設定成本的分攤

設定成本為1,470,000美元，三條生產線總共需要15次（1＋4＋10）的設定，則每次設定成本為98,000美元。若要求得每片電

路板的設定成本，必須將每次的設定成本平均分攤到產品上。

以Model 1為例（見圖6-3），它的生產量大，設定又單純，每片產品分攤的設定成本只有9.8美元。我們也發現，Model 3生產量小，需要多次設定，因此每單位的設定成本高達245美元。

圖6-3 設定成本的分攤

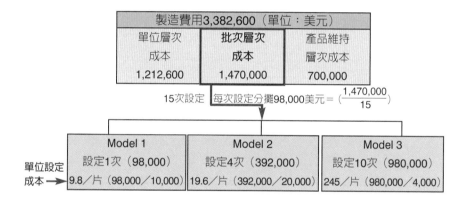

工程成本的分攤

假設三條生產線的工程成本為700,000美元。透過統計資料與訪談，航空科技找出工程師花費在三條生產線的時間比例。以Model 1為例，它必須分攤25%的工程成本，而Model 1總共產出10,000片電路板。因此，Model 1單位分攤的工程成本應為：700,000×25%÷10,000＝17.5／片（見圖6-4）。至於Model 3的生產量只有4,000片，卻耗用了30%的工程師時間，因此每單位的工程成本高達52.5美元。

圖6-4 工程成本的分攤

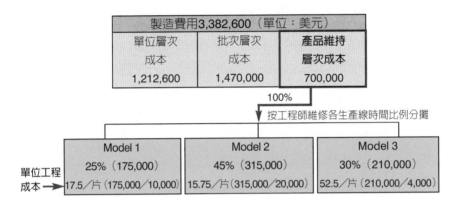

作業基礎成本制之下的成本與訂價

在確認過成本動因、進行合理的成本分攤後,就可算出較精確的單位電路板成本。若航空科技仍採用25%的成本加成率來訂價,那麼其預期售價會有何不同?(請參見下頁表6-3)

經由表6-1及表6-3的比較,我們可明顯看出,Model 3的單位成本由傳統成本制之下的每片117.33美元,大幅上升到作業基礎成本制之下的每片413.9美元。因此,在25%成本加成率的訂價策略下,Model 3的預期單位售價會從146.66美元大幅上升至517.38美元。透過精確的成本數字,管理階層警覺到,過去Model 3一直供不應求,並不代表它具有超額利潤。原因很可能是Model 3的成本被嚴重低估,導致它賠本銷售。成本扭曲的原因則來自航空科技同時生產數項產品,而傳統成本制以人工小時來分攤製造成本

表6-3　鳳凰城廠採用作業基礎成本制（ABC）之成本資料

單位成本（美元）	Model1	Model 2	Model 3
直接材料	50／片	90／片	20／片
直接人工（1小時耗用$20）	60／片	80／片	40／片
機器成本	28.2／片	35.25／片	56.4／片
設定成本	9.8／片	19.6／片	245／片
工程成本	17.5／片	15.75／片	52.5／片
單位製造成本①	165.5／片	240.6／片	413.9／片
預期目標售價 （①× 1.25；加成率25%）	206.88／片	300.75／片	517.38／片

（與傳統成本制度相同：直接材料、直接人工）
（ABC的特色：機器成本、設定成本、工程成本）

表6-4　成本制度造成價格扭曲與價格補貼

（單位：美元）	Model 1	Model 2	Model 3
傳統單位製造成本	196／片	284.66／片	117.33／片
ABC單位製造成本	165.5／片	240.6／片	413.9／片
單位製造成本扭曲或貼補額	30.5	44.06	（296.57）

的方法並不合理。就Model 3來看，它其實是高度資本密集（機器小時多）、高設定成本、高度消耗工程師維修成本的產品。Model 3不但不會帶來原先預期的25％利潤，每賣出一片，反而會虧損267.24美元（原來的錯誤價格146.66美元，減去作業基礎成本制之下的真正成本413.9美元）。

　　由於總製造成本是固定的，Model 3的成本低估，便會造成Model 1及Model 2的成本高估，這稱作**產品成本的交叉補貼**（product cost cross-subsidization）。一旦高估其他產品的成本，可能造成訂價過高，因而無法與競爭對手抗衡（參見表6-4）。

作業基礎成本制的功用不只是求算較精確的成本資訊，它還是降低成本的重要管理工具。以Model 3電路板為例，我們發現它的單位成本大部分（約60％）來自設定成本，而設定成本的成本動因在於設定次數。Model 3必須承擔的單位設定成本過高，主要是因為它較其他生產線進行更多次的重新設定。因此，欲有效降低Model 3的設定成本，必須從有效降低Model 3生產線的設定次數開始。

作業基礎成本制的導入時機

1980及1990年代，美國製造業遭受日本產品的強力挑戰，因為日本產品不但品質優良，訂價還遠低於美國廠商。研究顯示，當時美國製造業的競爭劣勢一部分來自成本制度不精確，造成許多資源浪費及配置錯誤的情形。

一般來說，發生以下情形就是導入作業基礎成本制的時機：

● 製造、行銷及業務部門不信任財務或會計部門所提供的產品成本資訊，並不願以此作為訂價及調整產品組合的基礎。
● 銷貨收入上升，但盈餘反而下降。
● 實行成本降低專案，使某些成本大幅降低，但整體成本不降反升。
● 客戶偏愛購買公司出產的少量產品，卻向同業購買大量的規格化產品。

在製造費用中區分細項，並以具高度因果關係的成本動因來進行成本分攤，是作業基礎成本制的重要精神。但是，「計算成本」的本身也有成本，因此我們應避免成本制度過度複雜（如幾百個成本動因）所造成的實施困難。

＊

目前作業基礎成本制已有許多企業採用。過去的經驗顯示，實施作業基礎成本制的三大成功關鍵爲：

- 管理高層的強力支持。
- 以跨部門的專案小組規畫合理的成本制度，並進行企業內有效率的溝通。
- 先找出容易看到成果的部門試作，以建立口碑與信心。

作業基礎成本制與服務業

服務業也能利用作業基礎成本制來創造企業價值。由於服務業的成本結構有高比重的間接成本，而其成本習性以固定成本爲主（如資訊系統成本），爲避免產生成本扭曲，更有採用作業基礎成本制的需要。以銀行業爲例，其日常業務就包含各種不同的作業活動，如處理存款不足的支票、開戶、進行商業貸款、填寫銀行報表、處理客戶疑問等。若對這些活動有精確的了解，就能幫助銀行更清楚了解管理重點。以美國的第一資本（Capital One）爲例，它就是銀行界發揮作業基礎成本制精神的好例子。

第一資本是美國消費金融的後起之秀。1994年，第一資本成

立，資產為263億美元，營收及獲利各為25.9億美元及9.5億美元。2005年，第一資本已迅速擴張為資產887億美元、營收約100億美元、獲利約18億美元的大型金融機構。在消費金融品牌的認同度上，它還擊敗老牌的花旗銀行及美國銀行，榮登全美冠軍寶座。

第一資本剛成立時發現，絕大多數信用卡業務單調得出乎意料，無論持卡人的信用風險高低，循環利率一律約為20％。雖然銀行賺取豐富的利潤，卻也造成嚴重的交叉補貼。也就是說，信用良好的持卡人必須承擔高倒債風險者的成本。針對這個現象，第一資本建立詳盡的信用卡資料庫，也開發有效的信用卡評估模式，大幅減少低風險持卡人的利率，同時拒絕高風險持卡人的貸款申請。第一資本的這些作為，搶走了信用風險低且循環餘額高的優質客戶，還打響了品牌。部分業者因為流失優質客戶，平均成本提高，因此決定對剩下的客戶提高利率，結果又趕走另一批優質顧客。

作業基礎管理的應用
──顧客別獲利分析

賓州大學華頓商學院賽爾登教授（Larry Selden）在其名著《殺手級顧客》（*Killer Customers*）一書中提出警訊：「通常公司獲利的前20％客戶，會帶來將近整體獲利120％的利潤，管理好這些客戶就可以擊沉你的競爭者。如果不能好好處理獲利最低的20％客戶，被擊沉的就是公司本身了。」既然了解顧客與管理顧客如此重要，我們可將作業基礎成本制的精神應用在顧客別分析，

跨入所謂的作業基礎管理領域。

Deluxe支票印刷廠的應用

　　1915年成立於美國明尼蘇達州的Deluxe公司，是目前世界最大的支票印刷廠，它的顧客主要是金融機構。1980年代，美國正式解除銀行業的管制，造成金融機構之間的競爭漸趨激烈。這些金融機構開始有降低成本的沉重壓力，也使Deluxe的財務表現風光不再。Deluxe公司決定深入分析客戶別的貢獻，但該公司發現，現有成本系統無法回答哪些客戶的獲利能力最高、提供客戶的服務成本為多少等基本問題。原因出在Deluxe的成本系統停留在傳統製造業的成本會計制度上，未完整涵蓋客戶相關作業活動的資訊（例如行政支援、售後服務等）。

　　Deluxe最後決定採行作業基礎成本制，全面檢視現有的服務作業及流程。該公司將客戶分為7個主要組別，分成大型銀行、小型銀行及存儲機構（S＆L）等。Deluxe發現其中一個組別剛好達到損益兩平，卻占有37％的總訂單數。他們還進一步發現，獲利貢獻前20％的客戶，帶來了高達總獲利480％的獲利；但獲利貢獻最後10％的客戶，卻帶來了相當於總獲利−400％的虧損。造成獲利貢獻產生巨大差距的主要原因，是因為顧客的下單方式不同。帶來高獲利的客戶採用電子下單方式（平均每次2.4美元），帶來虧損的客戶則大多採用傳統電話（平均每次18美元）或郵件下單（平均每次8美元）。Deluxe公司決定在合約協商上進行改革，提供採用電子下單的客戶較大折扣，結果第一年使用電子訂單的訂單數就成長50％。調整公司與顧客之間的互動方式，讓Deluxe的財

圖6-5 Canshal公司顧客別營業利潤分析圖

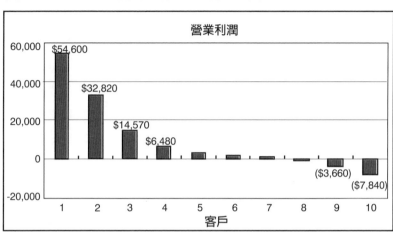

務績效大爲改善，從1997年僅有2%的營收報酬率，上升至2005年
的17.8％。

事實上，顧客別獲利分析是一種投資組合分析（高獲利和低
獲利顧客的組合，以及他們帶來的風險）。不過，這不代表公司應
該立即與所有獲利較低、甚至造成虧損的客戶終止往來。就如
Deluxe的做法，企業應先試著找出獲利偏低的眞正原因。

瑞典Canshal公司的應用

接下來，我們將以瑞典Canshal公司的經驗爲例，進一步說明
顧客別分析的基本觀念。

由圖6-5看出，Canshal公司某事業部擁有10位客戶，其中高達
85.07％的營業利潤係來自客戶1及客戶2，客戶9及客戶10造成大
幅虧損，至於客戶6至客戶8幾乎對獲利沒有任何影響力。Canshal

公司應集中資源維持帶來重大獲利的客戶，並處理帶來虧損的客戶。

其次，我們可從圖6-6看出，Canshal在前三位顧客身上已賺取99.25％利潤。也就是說，在後面七位顧客身上，Canshal只獲取0.75％的營業利潤。這種累積獲利集中於前端的圖形，我們稱為鯨型曲線（Whale Curve）。而讓Canshal管理階層相當驚訝的是，大顧客通常不是讓公司大賺，就是讓公司大賠，很少是無關盈虧的中立狀況。

圖6-6 Canshal公司顧客別累積營業利潤分析

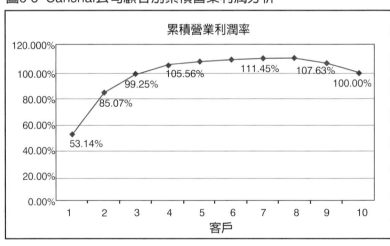

此外，Canshal還發現，客戶9與客戶10發生虧損的原因非常不同。

客戶9造成的虧損來自異常大量的小額訂單，造成公司頻繁的出貨成本。原來客戶9在強大的外在競爭壓力之下，採用零庫存機

制來降低存貨成本，因此需要供應商以小量多次的方式配合生產需要。在不對該客戶漲價的前提下，Canshal贈送該客戶一台電腦，並建議客戶透過電腦即時了解Canshal的生產排單狀態。若有供貨需要，可以在線上按事先同意的價格表下單採購及付款，此舉大幅降低Canshal行銷與管理的成本。

至於客戶10造成的虧損，則來自他向Canshal的競爭對手採購大量標準品，但向Canshal採購小量的特殊規格產品（因為競爭對手不願提供）。小量、規格特殊的產品生產成本本來就比較高，針對這種情況，Canshal降低標準品的價格約10％，同時大幅增加特殊規格產品的價格達60％。這個方案改變了客戶的下單型態，雖然總採購金額不變，但是特殊品的銷售額減少一半，而標準品的銷售額則大幅成長。一年之後，客戶10反而變成獲利貢獻最大的客戶。

複雜性造成高成本

作業基礎成本制的重心，在於了解並控制企業的成本動因，其中複雜性（complexity）是重要但不易發現的成本動因。下面以航空業及蘭花栽培為例來說明。

航空業的複雜性

飛機機種的複雜性，會明顯地增加航空公司的營運成本。在航空業以嚴格控制成本著稱的美國西南航空（Southwest），採取單一機種政策，全部採購波音737。為什麼單一機種對成本控制十

分重要？

飛機的採購成本與後續維修成本大約相等，多機種的成本則會反映在下列管理活動中：

1. **零件採購、倉儲活動大幅增加**：一架波音747的零件數量超過600萬種，與空中巴士的零件數相近，讀者可以想像多機種對零件管理的沉重壓力。

2. **維修技師的訓練活動**：一位合格的波音747或空中巴士維修技師須接受5個多月的基礎訓練，每增加一種機型至少須有160到240個小時的專業訓練。機隊複雜化不僅增加維修人力，也會增加維修訓練的成本。

3. **飛行員的訓練活動增加**：一位波音747的飛行員若也要能駕駛空中巴士，至少需要52到120個小時的飛行模擬器訓練。如果再考慮飛行員休假調動的彈性，多機種會造成很高的「切換」成本。

由於上述的管理活動皆十分昂貴，無怪乎華航在2002年強烈希望能效法西南航空，採購單一機種的16架空中巴士。但在多方壓力下，華航最後採購12架空中巴士與10架波音747。

蘭花栽培的複雜性

有一回，筆者前去參觀台灣某著名的蘭花養殖場。負責經理人談到蘭花養殖時，強調不同品種的蘭花所需要的溫度、濕度、肥料都不相同。在不合宜的生長環境下，蘭花很容易生病，甚至互相傳染病害。

　　台灣蘭花最大的國際競爭對手是荷蘭。由於荷蘭的人工昂貴，發展出高度自動化的農業機械設備（如電腦控制溫度、以機械手臂移動蘭花等），充分享有規模經濟，但其弱點是缺乏夠多的優良蘭花品種。近年來，荷蘭在全球大量購買不同品種的蘭花，但在栽培時發現多品種蘭花帶來了複雜性，也帶來嚴重的病害問題，進而使得成本激增。由此可見，複雜性對成本的殺傷力的確無所不在。

範疇經濟的陷阱

　　企業可以把核心能力用在各個不同的產品線，提升整體效率。舉例來說，日本的佳能公司（Canon）擁有世界一流的光學技術，它能把這種技術應用在相機、望遠鏡、影印機、醫療影像機器及半導體的顯微顯影設備。由一個公司生產多種產品，會比各個產品由不同公司生產更有效率，這種現象稱為**範疇經濟**（economy of scope）。再以精品事業為例，由於建立品牌的投資金額十分龐大，著名的精品業者會不斷延伸出不同的產品線，以充分應用品牌投資的效益。例如，香奈兒（Chanel）以服飾起家，目前的產品線包括了香水、化妝品、配件（皮包、手錶、珠寶等），這種經營方式也是運用範疇經濟的原則。

　　然而，範疇經濟會提高產品的複雜度。各種產品間固然具有可共同分擔的成本，往往也有know-how的不同。例如著名珠寶商寶格麗（Bvlgari），2004年夏天它在米蘭正式成立第一家同名旅館，該旅館和寶格麗其他產品一樣，走高品味、高價格定位，是

既有品牌優勢的延伸，但旅館經營畢竟不是寶格麗的專長。請記住，複雜性註定增加成本，而追求範疇經濟常會落入過度複雜的陷阱。

以簡御繁創造競爭優勢

伍登教練要求選手回歸「基本動作」來創造競爭優勢；同樣地，作業基礎成本制也要求企業將產品、服務的成本計算回歸至簡單的作業活動。作業基礎成本制不只要求成本分攤的精確，更要求每個作業活動都有穿透力，都對顧客產生附加價值。

在成本管理中，成本分攤往往是最困難、最容易引起爭議的部分。首先，間接成本的成本動因為何，本來就不易確認，有時候也很難建立共識。其次，雖然忠實地反映資源消耗是成本分攤的基礎，但許多經理人實務上的考慮往往是：「怎麼樣分攤成本對我或我的部門最有利？」因此可知，作業基礎成本制及作業基礎管理並非單純的資訊層面問題，還牽涉到運用組織文化的力量，帶動團隊間對成本結構的坦誠溝通與專業知識的交流。

善用管會思考方法的經理人會延伸「成本動因」的精神，他們會問：「什麼是企業的收益動因（revenue driver）？什麼是利潤動因（profit driver）？」即使複雜性會增加成本，如果它能帶來較高的收益與利潤，就是可以追求的複雜性。在競爭環境日益複雜之際，企業尤其需要具備作業基礎管理這種「以簡御繁」的能耐。

參考資料

- R. S. Kaplan and R. Cooper, *Cost & Effect: Using Integrated Cost Systems to Drive Profitability and Performance*, Harvard Business School Press, 1998.

- Atkinson, Banker, Kaplan, and Young, *Management Accounting*, 3rd Edition, Prentice Hall, 2001.

- L. Selden and G. Colvin, *Killer Customers: Tell the Good from the Bad and Crush Your Competitors*, Penguin, 2004.

- R. Hilton, *Managerial Accounting*, 6th Edition, McGraw-Hill, 2005.

- J. Wooden and Steve Jamison, *Wooden on Leadership*, McGraw-Hill, 2005.

- 黃越宏，《觀念：許文龍和他的奇美王國》。台北：商周出版。1996。

07 面對現實才有先見力
──讓計畫趕上變化

Production

1991年1月17日
聯軍總部
沙烏地阿拉伯首都利雅德

Date　Day/Night　Sync/Mute

凌晨2點30分，利雅德（Ar Riyad）街道一片冷清，聯軍總部的會議室內卻人聲鼎沸，一場決定性的軍事會議正接近尾聲。綽號「大熊」的聯軍最高指揮官史瓦茲柯夫（Norman Schwarzkopf）將軍站起來，在隨行牧師帶領下和與會將領、幕僚一起祈禱。當眾人齊聲說出「阿們」之後，會議室傳出美國歌手格林伍德（Lee Greenwood）演唱的「天佑美國」。歌聲尚未停歇，聯軍參謀長摩爾（Burt Moore）將軍走向史瓦茲柯夫：「空軍與海軍已經開始行動。」史瓦茲柯夫回應：「好！開始幹活！」

凌晨2點40分，漆黑的波斯灣海面上，風浪異常平靜。突然間，美軍威斯康辛號戰艦上閃出一道火光，戰斧巡曳飛彈由側舷拋向天際。隨後，B-52轟炸機、F-15戰鬥機與阿帕契戰鬥直升機加入轟炸行列。7分鐘後，兩座伊拉克的主要雷達站被摧毀。凌晨3點鐘，代號為「沙漠風暴」（Desert Storm）的波斯灣作戰行動按

原定計畫全面展開。42天後，史瓦茲柯夫將軍率領以美國為主的聯軍擊敗伊拉克。

　　一般人常以為，美軍靠著高科技軍備取得壓倒性勝利。事實上，獲勝的種子其實萌芽於海珊尚未攻擊科威特前，而史瓦茲柯夫充分展現了他的「先見力」。史瓦茲柯夫做了以下三件事：

　　1. **重新調整假想敵**：1988年11月，史瓦茲柯夫接掌美軍中東戰區指揮部。自1983年以來，該指揮部的假想敵一直設定為入侵伊朗油田的蘇聯。1989年7月，史瓦茲柯夫決定淘汰原有的作戰計畫。隨著美蘇限武談判順利進行，冷戰日趨緩和，蘇聯也由內戰8年的阿富汗戰場撤軍，美蘇在中東大規模的軍事衝突不太可能發生。相形之下，區域性的戰爭最可能威脅中東石油的生產及出口，危害美國利益，而這類區域性衝突最嚴重的情況便是伊拉克侵略鄰國。事後證明，若非史瓦茲柯夫及時調整，不論軍事計畫如何精密完整，美軍為錯誤假想敵建立的計畫仍是浪費資源。

　　2. **讓大象（國防部）跳舞**：史瓦茲柯夫雖然了解重新調整假想敵的必要性，但未經國防部核准，戰區指揮官無權擅自修改作戰計畫。因此，史瓦茲柯夫下一步必須面對國防部的官僚系統。美軍作戰計畫的擬定體系嚴格、完整，參謀本部先根據國家策略擬定「國防計畫綱領」，國防部戰略幕僚再以該綱領為基礎，建立「參戰情境模擬」，各戰區指揮部繼而據此擬定詳細的作戰計畫。調整戰區假想敵必須更動上述重要文件，程序冗長。史瓦茲柯夫不斷地強調伊拉克的潛在威脅，終於說服國防部長，調整了原來設定的假想敵。

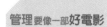

　　3. **速度、速度、還是速度**：按照正常程序，完整作戰計畫的變更至少歷時2年。戰區內每個軍種必須提出各自的作戰計畫，相關文件多達數千頁。依照慣例，新的作戰計畫尚未正式通過前，年度的模擬作戰訓練應繼續以原有假想敵為主。史瓦茲柯夫等不及新作戰計畫下達，便急切地要求幕僚，在1990年度模擬作戰訓練中，讓美軍採用新的假想敵發展應敵計畫。經過半年有如魔鬼訓練營的推演，1990年7月中旬，史瓦茲柯夫領導中東戰區指揮部，在佛羅里達艾格林空軍基地進行年度模擬作戰訓練。此時，真正的波斯灣危機也如火如荼地展開。1990年8月1日，伊拉克進攻科威特。

　　經過38天猛烈空襲，美軍地面部隊正式發動攻擊。100個小時後，波斯灣戰爭結束，美國僅陣亡156人。波斯灣戰爭的壓倒性勝利，讓史瓦茲柯夫受到英雄式歡迎。著名新聞主持人華特斯（Barbara Waters）問起他成為國家英雄的感想，史瓦茲柯夫說：「指揮別人上戰場不必是英雄，上戰場殺敵的人才是英雄。」身為領導者，史瓦茲柯夫不用暴露在槍林彈雨中，他的戰場在自己心中──清楚地認知新的國際現實，克服思考的盲點，堅持自己的信念。史瓦茲柯夫的「先見力」不只是思考上的洞見（insight），更必須搭配快捷的行動力，才不至於流於空談。

＊

　　本章關切的主題是企業如何進行未來利潤的規畫（profit planning），這是企業最基本的「先見力」。首先，我們將檢視企業如何規畫生存的最低要求，也就是達到損益兩平點（break-even point）。其次，我們將討論與預算（budget）編制相關的技術與觀念，並說明預算在不同的情境下該有不同的應用方法。

CVP模型的基本結構

精確地認知企業的損益平衡點，是先見力的最起碼要求。管理會計中的CVP（Cost-Volume-Profit）模型提供損益平衡點的基本分析，說明如下（假設只有單一產品）：

利潤＝銷貨收益－總變動成本－總固定成本
　　＝單位售價×銷售數量－單位變動成本×生產數量
　　－總固定成本

為簡化分析，假設：銷售數量＝生產數量＝數量。因此：

利潤＝（單位售價－單位變動成本）×數量－總固定成本
　　＝（P－V）×N－F

我們稱單位價格減單位變動成本（P－V）為**單位邊際貢獻**（unit contribution margin），表示每銷售1件商品可用來回收固定成本與產生利潤的貢獻。總銷貨收益減總變動成本則稱為**邊際貢獻**〔（P－V）× N〕。此外，**邊際貢獻率**（邊際貢獻÷銷貨收入）用來表示每1元銷售額能獲得的利潤率。

在CVP模式中，只要價格高於單位變動成本（P－V＞0），就

能產生正的邊際貢獻，幫助回收部分的固定成本。因此，「賠本出售」（售價低於平均成本）在短期內是合理的現象；但在長期內，企業必須同時回收變動成本與固定成本。

對電子產業的DRAM（動態隨機存取記憶體）製造廠商來說，因為供需失調，常出現合約報價的劇烈起伏。例如256 MB DDR記憶體的報價，在2002年3月將近10美元，但在2004年11月跌到約4.5美元，短短一年時間下跌將近55%。雖然廠商的生產成本也隨技術進步而降低，但在2003年2月至7月間，還是出現連續5個月價格低於單位生產成本的現象。由於4.5美元的售價仍高於廠商的單位變動成本，繼續生產仍可彌補部分固定成本，減少損失。一般而言，如果DRAM價格跌至生產成本最低廠商（如韓國三星）的單位變動成本以下，代表所有廠商都是「生產愈多，虧損愈多」，這時候就會有減產動作，使價格趨於穩定。

運用邊際貢獻分析於牙科診療

邊際貢獻分析的應用面很廣，請看以下牙醫診療項目的討論。

表7-1

醫療項目	健保醫療給付（P）（牙醫診所之收入）	變動成本（V）（消耗性衛材）	單位邊際貢獻（P－V）	醫師耗時（分鐘）	單位時間邊際貢獻
簡單性拔牙	500	350	150	5	30
水平智齒拔除	3,100	2,170	930	60	15.5
雙根根管治療	2,400	1,680	720	100	7.2

　　就單位邊際貢獻而言，在這三項診療項目中，以水平智齒拔除的貢獻最高（930元）。所以它是較有利的嗎？不然！醫療服務的最大限制是「時間」，如果考慮每項醫療的使用時間，改以單位時間邊際貢獻來討論，那麼簡單性拔牙是貢獻度最高的項目（每分鐘邊際貢獻30元），而且之後還有裝置假牙等獲利豐厚的商機。至於根管治療（俗稱「抽神經」），其單位時間邊際貢獻明顯偏低。純粹只考慮財務誘因的牙醫師，可能不願執行該項服務。無醫德者甚至會直接將病患「搖搖欲墜」的牙齒拔掉，換取後續可能的假牙裝置服務，這就造成了職業道德與財務誘因的衝突。對健保局而言，最中性的給付價格，是讓牙醫師在每個診療項目的單位時間邊際貢獻相近，以減少財務誘因可能造成的行為扭曲。

以CVP找出損益兩平點

　　知名導演李安曾表示，他在美國影壇闖蕩多年，累積不少心得，其中最重要的事便是找到資金讓自己繼續拍片。若能不讓投資人賠錢，就是能繼續找到資金的最重要因素。李安喜歡拍小成本的片子（《斷背山》拍片成本1,400萬美元，而好萊塢平均拍片成本為6,000萬美元）。為什麼？因為拍小成本的片子容易達到損益平衡點。請看以下CVP模型的分析。

　　在利潤為零的情況下，企業必須賣出多少產品，這就是損益兩平的銷售數量。以CVP模式來分析：

利潤＝（單位售價－單位變動成本）×數量－總固定成本＝0

（此處設定利潤為0，乃是損益平衡的特殊假設。如果企業有預定的利潤目標，也可用目標利潤取代利潤為0的設定。）

將前式移項化簡：

（單位售價－單位變動成本）×數量＝總固定成本

$$損益兩平的銷售量 = \frac{固定成本}{（單位售價－單位變動成本）} = \frac{固定成本}{單位邊際貢獻}$$

我們也可利用上面的結果，在等式左右邊同時乘上單位價格，則可求出：

$$損益兩平的銷售收入 = \frac{固定成本}{邊際貢獻率}$$

由於拍攝電影所發生的主要為固定成本，李安嚴控拍片成本（固定成本），在邊際貢獻率不變的假設下，就可降低損益平衡點。

範例

劉邦公司代理豐田汽車的銷售服務，在台灣推出油電混合動力車Prius，每輛售價為115萬元。假設劉邦公司的固定成本（房租）為2,500萬元，單位變動成本（向豐田進貨及業務員抽成）為90萬元，則單位邊際貢獻為25萬元（115萬－90萬）。因此：

$$損益兩平的銷售量 = \frac{2,500 萬}{25 萬} = 100 輛$$

劉邦公司的邊際貢獻率為：25萬÷115萬＝21.74%

損益兩平的銷貨收入：2,500萬÷21.74%=1億1,500萬

由此可知，劉邦公司必須銷售超過100輛（或業績達1億1,500萬元），才能在此款新車上獲取利潤。同理，如果公司想達到5,000萬元的獲利目標，則銷售量必須達到300輛（或銷售額3億4,500萬元）。因為當公司有特定的目標利潤時，透過前述的推論過程可獲得如下結果：

$$目標銷售量 = \frac{固定成本+目標利潤}{單位邊際貢獻} = \frac{2,500萬+5,000萬}{25萬} = 300\ 輛$$

$$目標銷貨收入 = \frac{固定成本+目標利潤}{邊際貢獻率} = \frac{2,500萬+5,000萬}{21.74\%} = 3億4,500萬$$

回到損益兩平點公式的組成因素來看，如果售價下降，邊際貢獻就會降低，使損益兩平所要求的銷售量上升，進一步讓獲利（分子）不易達成。如果劉邦公司為了促銷，將汽車價格從每輛115萬元，調降成100萬元，則單位邊際貢獻下降為10萬元，損益兩平銷售量就上升至250輛。而固定成本的增加將使損益兩平點的分子項變大，提高損益兩平銷售量。假設劉邦公司展售中心的房租上漲，上升到每年3,000萬元，損益兩平銷售量將上升至120輛。因此，了解公司經營環境的變動對損益兩平造成何種影響，就是先見力的基本功。

多種產品組合與CVP分析

以上敘述的基本CVP分析，是假定公司只生產、銷售單一產品。實務上，我們面對的是多種產品。此時CVP分析將採銷售組合的計算方式，以各產品的銷貨收入占總銷貨收入的比例為權數，加權計算銷售組合的邊際貢獻率。

範例

假設劉備汽車公司某年度所生產與銷售的兩種車款，分別為大型房車與休旅車。相關資料如下：

表7-2

項目	銷貨比例	單價	單位變動成本	單位邊際貢獻	邊際貢獻率
大型房車	40%	100萬	70萬	30萬	30%
休旅車	60%	80萬	68萬	12萬	15%

這裡假設總固定成本為6億元。從表7-2得知，大型房車的邊際貢獻率為30％，休旅車的邊際貢獻率為15％，兩種車款的銷貨比例分別為40％與60％，則此汽車銷售組合的加權邊際貢獻率：

$$30\% \times 40\% + 15\% \times 60\% = 21\%$$

這表示每增加1元的銷貨收入，可增加0.21元的邊際貢獻。因此，損益兩平的銷貨收入為：

$$\frac{\text{總固定成本}}{\text{加權平均邊際貢獻率}} = \frac{6\,\text{億}}{21\%} \approx 28.6\,\text{億}$$

也就是說，當劉備汽車公司欲達成損益兩平的銷貨目標時，大型房車的銷貨必須達到以下目標：28.6億×40％＝11.44億；而休旅車的銷售金額必須達到：28.6億×60％＝17.16億。

其次，我們再探討誘因機制對損益平衡可能造成的影響。這裡假設劉備汽車為擴大市場占有率，以銷售汽車的數量作為業務人員的獎酬基礎。如果市場上消費者對休旅車的喜好日漸增加，對大型房車的需求略有下降，再加上休旅車的單價較低，業務員在行銷時因而以休旅車為主攻產品。假設兩種汽車的銷貨比例因此發生重大改變，大型房車比例由40％下降至20％，休旅車比例由60％提升到80％。在產品售價與成本結構不變的假設下，新銷售組合的邊際貢獻率為：

$$30\% \times 20\% + 15\% \times 80\% = 18\%$$

這比原本的21％減少3％，原因是邊際貢獻率較高的大型房車銷售比例大幅下滑所造成，此時損益兩平的銷貨收入為：

$$\frac{6\,\text{億}}{18\%} \approx 33.3\text{億}$$

在這個情況下，33.3億元比原本的28.6億元增加了4.7億元。我們可由這個例子看出，當企業激勵營業人員提升銷售時，應該考慮產品邊際貢獻的大小。否則增加邊際貢獻較低的產品銷售比

例，將使組合的邊際貢獻率下降，導致損益兩平的銷貨收入必須提高，也會減少獲利的可能性。

預算編制的觀念架構

預算是企業規畫利潤、協調行銷、採購、生產與財務等各項活動最常見的管理工具。預算編列的流程通常從銷售預算開始，接著編列相關的生產及成本預算，最後彙整現金預算與預估損益。本節以第四章「100美元筆記型電腦」的相關預算為例，用表7-3來說明預算編制的觀念架構。

透過表7-3我們可了解，光是考慮直接材料與筆記型電腦的產銷活動，預算編制就必須橫跨營業與財務兩大類型，也必須要求各部門人員相互配合。預算之所以受到高度重視，是因為目標達成與否通常對經理人的績效評估有深遠影響，此點稍後再加以討論。

預算目標的訂定

企業在決定下一個年度的預算時，通常會參考本年度的實際表現。實務上，預算目標通常會「向上調整」而不「向下調整」，以展現公司的企圖心。以美國著名的食品公司漢司（H. J. Heinz，產品以蕃茄醬最著名）為例，其新年度的銷售目標通常訂為本年度實際值或預算值的1.15倍（115％）。當本年度的預算銷售額為10億美元，實際銷售額為11億美元，則下年度的銷售預算目標為

表7-3 預算種類與預算管理

預算類型	活動	計畫內容	預算活動與數額	造成目標無法達成的可能因素
總預算 — 營業預算	銷售	● 出售100萬台 ● 每台100美元	銷售額 ＝100×100 ＝10,000萬美元	1.訂單臨時取消 2.契約價格變動 3.訂單數目減少
	生產	產製100萬台	工廠必須排定生產時程	1.生產良率的不足 2.倉儲不當的損毀
	原料採購	1.購進所需原料：主機板組件100萬組（每組37.5美元） 2.液晶面板100萬片（每片20美元） 3.其他周邊組件100萬組（每組32.5美元）	原料成本 ＝100×（37.5＋20＋32.5） ＝9,000萬美元	1.原料價格波動 2.原料數量短缺 3.供貨時間延遲 4.原料品質不符標準
財務預算	現金收支	● 預估銷售額的現金收取率為90% ● 預估成本支出的現金支付率為95%	● 現金收入 ＝10,000×0.9 ＝9,000萬美元 ● 現金支出 ＝9,000×0.95 ＝8,550萬美元 ● 現金收支差額 ＝9,000－8,550 ＝450萬美元	1.買方公司財務出現問題，造成應收款延遲收現，甚至無法收現。 2.本身支付延遲，造成商業折扣損失，增加現金支付之金額。
	財報數字	● 現金收支預算：影響現金流量表的營業現金。 ● 銷售與成本預算：影響損益表的收益、費用與利潤。	彙整收益、費用、現金、存貨等資訊編製財務報表。	1.營業現金流量不足。 2.收益不如預期，或費用增加，造成獲利目標無法達成。

12.65億美元（11億×115％）。如果實際銷售額只有9億美元，下
年度的銷售預算目標則訂為11.5億美元（10億×115％）。因此，
漢司公司的預算目標只會提高，不會下降。

其次，預算目標也可能完全建立在高階經理人的企圖心上。
舉例來說，鴻海董事長郭台銘曾表示，鴻海未來的接班人，要具
有管理年營收500億元這種大企業的實力，並確保每年30％營收成
長的基本目標。鴻海過去的營收及淨利年成長率，幾乎年年都在
30％以上（見圖7-1）。在此處，30％是企業領導人設定的目標，
與市場實際成長率不一定相關，算是高度擴張性的預算。也有一
些企業會參考研究單位（如IDC或資策會等）對產業成長的預
估，來設定年度預算目標。例如，如果隔年筆記型電腦市場整體
預計成長10％，公司希望其成長率高於產業平均，則營業目標可
能設定為成長15％。

圖7-1 鴻海營收及稅前淨利年成長率

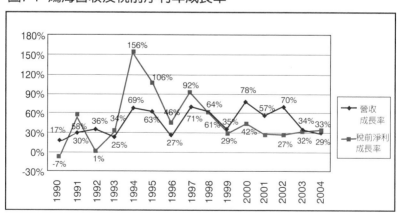

參與式預算（participative budgeting）是另一種形成預算目標的方式，它強調「由下而上」（bottom up）來編制預算。是否採用參與式預算，主要取決於基層經理人是否對市場擁有較佳的資訊。如果有，則比較能發揮參與式預算的優點。如果企業高階經理人本身就擁有優勢資訊，或擁有積極的成長策略（如購併或進入新市場），則「由上而下」（top down）來訂定預算目標最為常見。

一般來說，整個預算編制過程是「由上而下」與「由下而上」的反覆互動，最後所形成的共識。我聽過不少高階經理人告訴我，老闆常給他們一個挑戰級數字——老闆先聽經理人提出最大能量的績效，再說服他們多成長20％至30％。這時候，預算不只是管理工具，更是領導力與說服力的展現。

戴爾的需求管理

最理想的預算編制是管理階層展現完美的「先見力」，使各項數字的假設皆符合現實。然而，計畫通常趕不上變化。關於這點，戴爾電腦有個重要的口號：「賣掉你所有的產品（selling what you have），而不是生產你想賣的產品（making what you want to sell）。」戴爾電腦以下列兩種會議來進行需求管理，藉以確保預算目標能夠達成。

每月的行銷生產會議

這個會議由董事長戴爾（Michael Dell）親自主持，高階主管

必須討論並同意未來5季的預估值。此外,該會議特別著重於本季和下一季的預測值。在每月的會議中,各部門主管對於內部的產品策略、競爭要素與限制條件等都必須達到共識。最後,預估的顧客需求與公司的生產能量,都必須在溝通後取得共識。

每週的前置作業會議

這是市場行銷及供應鏈部門主管的聚會,主要目的是說明需求趨勢與供給面狀況,以預估事先購買的零組件是否有短缺或過剩情形。召開這類會議的重點,是確定產品送交顧客的前置作業是否可以完成。例如,某一批產品的製造時間需要一週,若工廠不能在一週前把訂單排入生產計畫,就幾乎確定無法如期交貨。另外,在這個會議中,也須確保公司不會因顧客取消訂單而堆積大量零組件存貨。

＊

需求管理是高度動態的。當產品銷售吃緊時,產品經理必須找尋其他供應商,或是引導顧客購買替代產品。如果產品滯銷,銷售人員就要以降價的方式,引導顧客購買能消化該零組件的產品。因此,戴爾電腦的訂價策略具有高度即時性,能反映市場的動態需求,以便讓計畫跟得上變化。

預算制度的三情境

雖然預算制度看來像是一個純技術性工具,其實它的實施與企業經營環境的關係非常密切,以下分成三種情境加以說明。

計畫就是《聖經》

1890年，艾默生電氣公司（Emerson Electric）成立於美國密蘇里州聖路易斯市，是一家電機和風扇製造商。經過百年來的努力，艾默生已由一個地區製造商，成長為一個生產據點遍布全球150多個國家、業務範圍跨足自動化設備、電信基礎設施、網路電源、空調等領域的跨國企業集團。2004年，艾默生的營業額高達156億美元，並交出48年來股東配股率平均成長11％的佳績。艾默生電氣於2004年獲《財富》雜誌評選為「全美最受讚賞企業」電子類第2名，並名列全球500大企業。

艾默生電氣的穩定財務表現，背後原因是它不追求30％至40％的高成長率，而專注於有足夠市場規模、比較成熟穩定、能發揮公司核心能力的領域。其次，艾默生有著牢不可破的預算制度。對艾默生而言，預算就像《聖經》般不可侵犯。正因為這種「如鐵一般」的紀律與共識，使得艾默生能克服許多總體經濟環境的不利因素，讓各項財務指標長期、穩定地成長。不過，讀者可以預料到，若你身為艾默生的經理人，當你選擇預算目標時很可能會為自己預留空間，讓自己不會因為外在突發變故，破壞公司向來符合預算目標的優良傳統。

計畫就是「70％方案」

2005年9月就任美國參謀聯席會主席的佩斯（Peter Pace），出身於海軍陸戰隊（也同時擁有喬治華盛頓大學MBA學位）。1992年到1993年間，他被派駐在非洲索馬利亞（Somalia）。原本相對

單純的美軍人道救援計畫，因為當地軍閥對美軍不斷進行游擊戰而變得複雜無比。因此，他深深體會到戰場上「計畫不如變化」的殊死實況。

在高度不確定的情況下，他奉行陸戰隊的「70％方案」：「如果你有70％的資訊，做了70％的分析，覺得有70％的把握，那麼就展開行動。」他的邏輯很簡單：「一個不完美的方案，如果迅速地執行，仍有成功的機會。不行動就絕無機會。最糟的情況就是不做決策！在戰場上，待在原地就是等著挨打。如果你開始行動，就是在改變遊戲規則。」

然而，「70％方案」並不是盲動。2003年3月，美軍對伊拉克展開「伊拉克自由行動」。開戰之前，佩斯就要求參謀本部成立「經驗學習小組」（lesson learned team）。在開戰後，針對戰鬥任務執行的每一個細節（哪一種目標要用哪一種武器最有效率、混戰中如何區分敵我、在戰火中如何保持通訊暢通等），都由該團隊每天負責提出檢討報告。有些報告支持原有的觀點，但許多檢討推翻了當初做的假設或根據的思考邏輯。這些檢討並不是存檔參考就算了，而是立即在作戰任務中執行。徹底與即時的反省，是使陸戰隊「70％方案」不至於造成重大偏差的良方。

相對地，中國大陸2004年的首富黃光裕先生（國美電器總經理），則提出他的「30％方案」：

> 我做事的習慣，方向一旦明確，大概想好，應該有三分把握，我就敢去做。而且我是要求速度的，盡快實施。我不會花三個月來謀畫，把這個規畫書的標點符號都改清楚了，再去做

這件事情。我是邊實施邊做邊修正，中途放棄的事不能說一點也沒有。但是在重要事情上，要讓我放棄可以說是非常難。

在資訊透明度低、變化又大的中國市場情勢下，黃光裕的「30％方案」有其必要。但隨著事業規模擴大，一個優質企業不可能一直以如此「低先見力」的方式運作。

計畫就是「不可能的任務」
——帝王坡下的死亡之旅

加拿大亞伯達省（Alberta）擁有舉世聞名的天然美景，而座落在洛磯山脈（Rockies）區域的四座國家公園，冰峰相連，湖水湛藍，更令人流連忘返。其中最高聳的山峰為羅伯森山（Mount Robson），高度約3,954公尺，比周圍群山整整高出一大截，山峰上永遠白雪覆頂，雲霧圍繞。在如此美麗的景致之外，羅伯森山卻有著血腥與殘酷的一面。山的北面有一道幾乎垂直的險壁，稱為帝王坡（Emperor Face）。在1978年以前，從來沒有人攀爬成功，更有為數眾多的攀岩高手失足跌落山谷身亡。

羅根（James Logan）與史坦伯（Mug Stump）是第一組成功攀登帝王坡的登山隊。在他們1978年的成功攀爬之後，所有嘗試攻頂的隊伍都死於山難，可見帝王坡的凶險。當羅根被人問起成功的秘訣時，他表示重點不是「怎麼爬」（how to climb），而是「和誰一起爬」（who should I climb with）。羅根指出，帝王坡上頭有一個「死亡分水嶺」（death zone），跨過那一處就無法後退，只有成功或死亡兩種後果。他曾試著由照片來判斷該路徑的特性，

但多變的天氣使照片無用武之地。因此他唯一可以依靠的,是一個無論發生任何狀況都能以最佳方式回應的夥伴(亦即史坦伯),而不是一本詳盡的計畫書。

對小型企業來說,在高風險、高動態的經營環境中,必須保有羅根和史坦伯強調的彈性。此時,人才的品質便極其重要。

別讓預算變成謊言

預算應該是企業發揮「先見力」來協助管理的工具,知名管理學者詹森教授(Michael Jensen)卻指出,一旦預算成為經理人的績效評估指標,每年的預算編列會議就成了一場「說謊大會」。為什麼?美國許多企業把預算和經理人的薪酬做了下列連結:

1. 當績效未達門檻(預算目標),經理人只能得到固定薪資。
2. 若績效超過門檻且在某一上限之內,則其報酬為固定薪資加上紅利。當然,績效愈好,紅利愈多。
3. 若績效超過上限,則經理人可獲得固定薪資加上最高紅利限額,這時紅利不會再隨績效上升而增加。

這種獎酬制度設計會產生什麼問題?首先,在訂定預算目標時,經理人會把目標盡量訂低一點,以便在未來能輕易達成目標。然而,這可能造成公司生產與銷售無法配合的問題。例如,經理人利用不確實的市場調查,刻意壓低預估產品需求量,依此目標進行生產,結果使產品出現斷貨問題,嚴重影響產品銷售與

公司利潤。其次，在預算編制完畢後，經理人為了得到獎酬，可能會操弄經營績效或會計數字，甚至違反會計原則與法令。

　　詹森教授主張，預算編制應回到最單純的資源規畫，不必過度將預算與獎酬誘因相連。他建議取消紅利發放的門檻與上限規範，讓經理人的薪酬變成固定薪資加上績效紅利。當實際經營成果僅為預算目標的80％時，經理人還是可以領到8成的紅利，不會一無所獲。如此能降低經理人因未達成目標而操弄財務數字的動機，也無須預先調低績效目標。不過，紅利與績效直接連動，卻沒有設定上下限，確實會提高獎酬的不確定性，容易增加經理人的異動率。

　　在預算編制的過程中，各部門必須進行廣泛、深入的資訊分享，卻由於績效評估的壓力，容易造成資訊虛報或扭曲的情形。因此，企業必須要求提出預算數字的經理人「承諾」這些數字的合理性。能承諾數字或不能承諾數字的經理人，兩者不僅有能力的差別，更可能有誠信的歧異。

我們都不是先知

　　沒有任何人或任何企業擁有完美的「先見力」。即使像戴爾電腦擁有需求較穩定的客戶，預算規畫也十分健全，對未來也只能做到70％左右的預測準確度。因此，預算編制的核心精神並非要求企業進行「完美的預測」，而是要求企業具備平衡「計畫」與「變化」落差的應變能力。此外，不論是損益平衡點的評估或是預算編制，都必須理解其策略涵義。假設經理人面對一個高損益平

衡點的事業，同時該市場內強敵環伺，經理人就必須思考切入該市場是否明智；在編列年度預算時，經理人更須反問，對於達到長期的策略目標，那些數字是否合理。

以目前的資訊科技來說，編制繁複的預算文件並不困難，最困難的部分是必須不斷檢驗預算數字背後的「假設」。史瓦茲柯夫早就提醒我們：建立在錯誤「假想敵」之上的計畫，只不過是一堆廢紙。

參考資料

- Michael Jensen, "Corporate Budgeting is Broken - Let's Fix It," *Harvard Business Review*, November 2001.

- Timothy Mullaney and Robert Hof, "Finally, the Pot of Gold," *BusinessWeek*, June 24, 2002.

- Richard Steele and Craig Albright, "Games Managers Play at Budget Time," *MIT Sloan Management Review*, Vol.45, No.3, 2004.

- Ronald Hilton, *Managerial Accounting*, 6th Edition, McGraw-Hill / Irwin, 2005.

- 郭奕伶，「我的接班人必須每年業績成長30％」，《商業周刊》，2002年10月4日。

08 流程精實才有協同力
——在供應鏈中創造價值

Production

2006年2月20日
香港利豐集團總部
九龍沙灣道

Date   Day/Night   Sync/Mute

在《百年利豐：從傳統商號到現代跨國集團》的新書發表會上，香港政商名流匯集一堂，攝影記者忙著全場穿梭拍攝影像。這個新書發表會的舉行，正式掀開利豐集團慶祝成立100週年的活動序幕。集團第三代的經營者馮國經（現任董事長），穿著黑色西裝，戴上金邊眼鏡，十足學者氣質。他笑著向記者解釋總經理馮國綸（其弟）沒有出席的原因：「William（馮國綸英文名）忙著公司的大小會議，走不開。他才是整個集團業務的真正執行者。」兄弟兩人，一個掌管策略，一個負責執行，合作無間。馮國經對記者說：「亞洲正在急速興起，我們剛好在對的時機站在對的位置。」

1906年（清光緒32年），利豐集團創辦人馮耀卿與李道明選擇熟悉的瓷器、手工藝品及絲綢等產品，憑著他們的英語能力，開始在廣州協助華商與外國商人進行貿易，並抽取高達15%的豐厚

佣金。1972年，擁有哈佛大學經濟學博士學位的馮國經，接到母親哀求的電話：「你們兄弟再不回香港，老爸就快被事業累垮了！」1973年，他不太情願地揮別哈佛大學商學院的教職，回到香港與擁有哈佛MBA學位的弟弟馮國綸會合，一同協助家族企業轉型。朋友相繼警告這對兄弟：「這種經銷代理公司處在夕陽產業，快要完蛋了。」但他們推動一系列企業改革，逐步將一個傳統的出口經銷商轉變成跨國貿易集團。2004年，利豐集團營收達到60.5億美元，淨利為2.25億美元。該集團在全球41個國家設有72個辦事處，聘用7千多位員工，是全球最大的華商貿易集團。

＊

本書介紹的「金字塔九大絕招」，第一個階層（第四章到第七章）討論管理活動的基本功夫；自第八章開始，本書進入金字塔的第二個階層，重點放在由活動貫連起來的企業流程。本章則主要討論在價值鏈（value chain）定位與供應鏈（supply chain）管理中，企業如何以精實流程（lean process）發揮協同力。

就利豐而言，它在價值鏈上的定位不是製造、品牌或通路，而是貫穿三者的經銷商。利豐在供應鏈上向下游取得市場需求資訊，向上游整合生產活動（稍後詳述），占據了一個樞紐位置。哈佛企管大師波特教授把價值鏈定義為：「從供應商、製造商、經銷商到最終使用的消費者為止，一連串創造產品或服務價值的活動過程。」而供應鏈則定義為：「從原料開始到成品銷售給最終消費者的過程中，供應商和使用者連結的程序與網絡。」價值鏈上的正確定位，是企業經營獲利的先決條件。只有在創造價值的過程中聚焦於具競爭力的領域，才容易勝出。例如，耐吉專注於

運動產品品牌的經營,而由外包廠商(如寶成實業)負責產品製造,各得其利。除了定位之外,要取得價值鏈的最高利益,企業還必須擁有完善的供應鏈系統,以降低成本及提高經營效率。以企業經營來說,價值鏈與供應鏈相輔相成,缺一不可。馮國經對利豐的定位做了下列陳述:「平均而言,1美元的出廠價和4美元的零售價之間,存在3美元的差價,與其搶1美元製造成本中那少得可憐的10%至15%空間,不如集中精力去獲取那3美元的利益。」而利豐要獲取那3美元的利益,靠的是供應鏈管理的能耐。

＊

本章首先以第二章提出的鑽石模型(策略、資訊、誘因及決策等四個構面,見圖2-1),探討利豐集團如何變成價值鏈與供應鏈管理的絕頂高手。接著,本章再以豐田汽車、西班牙服飾大廠Zara等案例,進一步說明發揮協同力的重要性。

利豐集團的鑽石模型分析

策略定位的調整

策略定位的靈活調整,是利豐能成功的重要原因。利豐百年來的歷史大致可切割成5個時期(見圖8-1)。

在最早期,利豐掌握了語言優勢,從擔任貿易仲介起家,隨後跨入一般採購代理業務,接著進行更複雜的跨亞洲地區採購,以進一步降低生產成本,並獲得更多的市場資訊。利豐還挾著對市場的了解以及和通路商的密切聯繫,替通路商顧客設計產品,同時以多元的原物料來源,提供生產廠商低價的生產材料。最

圖8-1 香港利豐集團的發展策略與定位調整

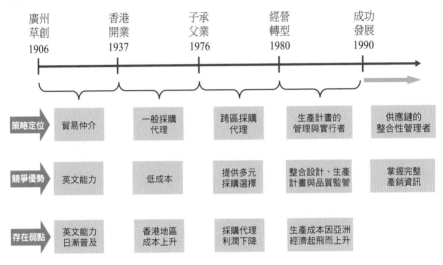

後，利豐整合亞洲各區域生產優勢，提供完整生產契約來保障生產的工廠，並能有效監管品質與生產時程，提供買方品質優、成本低的物品。利豐的策略十分靈活，每次在競爭優勢消失前就開始轉型，逐漸提升自己的核心能力。

資訊的分享與應用

其次，利豐對全球商業資訊有完整的掌握。它很清楚哪裡的生產成本低、哪個地方的原物料容易取得、哪個工廠的生產技術優良，也知道各個國家的貿易法規與產銷情形。利用這些資訊優勢，利豐對整個供應鏈的12個環節（消費者需求、產品設計、產品發展、原物料來源、製造廠商、管控製造、托運、合併運輸、

通關、在地合併運輸、倉儲與配銷）加以靈活管理與操作，創造出有彈性、高速度的產銷協同機制。

在此舉一個具體實例，說明利豐如何整合供應鏈的產銷。當利豐獲得歐洲零售商的1萬件衣服訂單時，它先從韓國買進棉紗，送到台灣進行紡織和染色，同時訂購日本在大陸設廠生產的高品質、低成本拉鍊，最後基於勞動力條件與貿易配額的考量，選擇在泰國的5間工廠同時縫製，把一般3個月的製造時程縮短為5個星期，準時在歐美的服飾專櫃上架。這種成衣業產銷方式的成功，讓利豐的成衣進口額占全美成衣進口的3.7％，總值高達2.7億美元。這也讓利豐將過去以製造為主軸的「在香港製造」（Made in Hong Kong），轉變為以供應鏈管理為核心的「由香港製造」（Made by Hong Kong）。

誘因機制的設計

利豐將整個集團切割為大約130個小單位，每個單位皆自負盈虧。馮氏兄弟想招聘具企圖心的優秀人才，因此提供一個「大企業內的小企業家」機制，引導員工充分發揮創業家精神來經營事業。利豐盡量讓每一個單位專門服務一個顧客，除了激發單位主管的潛力外，也讓顧客有專屬與專業服務的雙重感受。為激勵員工，利豐提供了豐厚的財務誘因。部門經理的薪資與部門稅前獲利直接相關，且紅利沒有上限（一般香港廠商的紅利為薪資15％至20％），平均高達全部薪資的60％。馮國經說：「我們希望去除過去中國企業分紅決定於老闆喜好的傳統，讓分紅完全透明化、制度化。我們或許做過頭了，但這是非常有效的辦法。」此外，利豐也和經理人

設定為期3年的目標，以此作為績效評估的重要依據。

決策權的分配

如前所述，利豐的營運模式是把組織切割成小單位，每個單位服務一個顧客，由一個人全權負責，這就是所謂的「小約翰韋恩」（John Wayne，美國著名影星，是性格獨立、強悍的西部牛仔代表人物）。利豐重視尋找具創業家精神與潛力的人來擔任單位主管，在利潤中心的架構下，單位主管有權決定使用哪一個工廠、是否接受某一筆訂單。每個單位主管擁有高度的營運決策權，而不是透過中央來採取集權式管理。利豐認為，貿易公司必須避免官僚化，才能有靈活的應變能力。不過，利豐對部門的財務活動和營運資本（現金、存貨、應收帳款等項目），採取嚴格與標準化的管控。他們認為，這些流程的管控不需要創意，但只要一疏忽，就是公司生死存亡的罩門。簡單地說，利豐對業務拓展十分積極，對財務管理卻十分保守。

總結來看，利豐的核心競爭力在於它清楚切割價值鏈與供應鏈，以靈活的自由組合來充分發揮組織間（超過1萬個供應商）「協同」的力量，為顧客創造一個客制化的完整解決方案。

豐田汽車的精實典範

著名管理學者史皮爾（Steven Spear）教授說過：「如果BMW是終極駕駛機器（ultimate driving machine），那麼豐田汽車就是終極學習機器（ultimate learning machine）。」的確，在豐田

的發展過程中，絕少具有高度原創性的創新，但往往藉由持續不斷的學習，達到青出於藍的績效。

策略目標的設定

1929年，豐田汽車創辦人豐田喜一郎（Kiichiro Toyota）遠赴美國，學習福特汽車的生產系統。但他一開始就意識到，美國汽車工業的生產方式並不適用於日本。豐田面對的是需求量小、需求種類多樣化、競爭者眾多（如本田、日產、三菱等）的國內市場。因此，「彈性」與「品質」是豐田的主要策略目標，而不是福特強調的規模經濟。在這個策略目標下，豐田不盲目進行擴張，而是穩紮穩打，先充分了解市場和建立自己完整的供應體系後，再逐步進入美國及其他海外市場。

精實流程的建立

1953年，日本豐田的副總裁大野耐一（Taiichi Ohno）創造了及時生產制（Just in Time，簡稱為JIT），為汽車製造開創精實流程的新里程碑。「精」，指的是追求全面品質止於完善，消除各種浪費；「實」，指的是創造真實價值與財富。精實流程強調以客戶需求為主，全體員工持續改善，並重視效率、彈性與生產力的精神。以下我用JIT的精實流程來進行簡要說明。

JIT以準時生產為核心，強調以顧客需求為生產起點，在正確的時間生產正確數量的零件與產品。JIT的重心是徹底消除無效勞動和浪費，達成「五低二短」的目標。所謂「五低」，即廢品量低、庫存量低、批量低、搬運量低與損壞率低；「二短」則為準

備時間與生產前置時間最短。爲了達到這些目標，JIT由三個方向
設計產品和生產系統：

1. 因應產品生命週期大幅縮短的現實，產品設計講求快速反
應市場需求。爲達到這個目的，產品設計必須包含生產系統的規
畫，務必使後續生產流程能精簡與容易調整。

2. 採模組化設計，盡量使用通用零件或標準零件。在產品設
計的過程中，充分考慮如何實現生產自動化。

3. 與原材料或外購零件的供應者建立密切聯繫，達到原材料
及時供應與零件及時採購的目的。爲鞏固這種協同關係，豐田採
用融資、技術轉移等方式，並指導供應商採取「看板」和「及時
供應」等管理制度。

JIT帶來的變革產生驚人效果。1960年代，豐田汽車每百輛因
品質問題所接到的申訴案件爲4.5次；到了1973年，申訴案件下降
到1.3次，生產效率也大爲提高。

精實流程中的資訊溝通

豐田強調直接、明確的資訊溝通。以第五章的轎車座椅安裝
爲例，當作業人員需要一盒新的塑膠螺套時，他以「看板」（寫著
資料的薄板）的形式向供應商提出要貨請求，上面標明零件的代
碼和數量，以及供應商的地址和作業人員的姓名。在豐田公司，
看板和其他設施（如指示燈）發揮連接供應商和顧客的作用。透
過這種連接方式，任何零件都是在必要的時間、以必要的數量傳

送給特定的作業人員。此外豐田還規定，任何請求都必須在規定
的時間內解決。例如，如果一個工人安裝前座位需要55秒，那麼
對於操作人員的問題回覆和解決，也必須在55秒內完成。假如55
秒內無法解決上述問題，就表示在作業現場和供應之間的連接
上，有不完善的地方（例如發出的信號模糊不清等）。

企業文化與誘因機制

　　豐田的精實流程管理只靠JIT、看板與燈號等制度就會成功
嗎？絕對不會！事實上，豐田模式的關鍵在於其組織文化。首
先，豐田倚重員工持續在生產過程中找出隱藏問題，並解決問
題；豐田也讓員工產生必須團隊合作、具有急迫感的文化。至於
在決策面，豐田由領導人設定遠大的願景，引導公司全體朝目標
前進。如果不能體認這種「由下而上」的持續改進，以及「由上
而下」的「承諾堅持」，就只能學到豐田制度的表面。華碩電腦的
施崇棠先生十分推崇豐田精實卓越的組織文化，認為豐田作為世
界第一流企業當之無愧。與之相比，施先生自謙華碩還只是第二
流企業。其實華碩「崇本務實」的企業文化，與豐田多有契合之
處；豐田也是靠著長期的虛心學習，才能站上世界顛峰。

　　豐田的企業文化也表現在它的誘因制度設計中。乍看之下，
豐田的薪酬制度並不特別，同樣為「固定薪資＋績效獎金＋福利
補貼」。但這三者的比例，就是豐田與西方企業不同之處。豐田偏
重給予員工合理滿意的固定薪資，不像西方企業強調績效與分
紅。因此，豐田薪酬制度的精神是「Pay for Work」（依工作給

薪），不是西方強調的「Pay for Performance」（依績效給薪）。豐田在人事制度上以平穩為原則，考核員工績效時力求客觀。豐田員工的表現不僅由他的直屬上司來評量，也同時參考其他部門經理人和員工（工作有密切接觸者）的意見。

這種強調穩定人事與力求客觀的獎酬制度，目的在營造和諧的勞資關係。豐田自從經歷1950年的一場嚴重罷工後，一直與工會保持相互尊重與體諒的關係。以2004年為例，工會要求平均每人2.3萬美元的年終紅利（約5個半月的基本薪資），僅比2003年增加3.8%，公司方面立即同意。其實，工會早在2003年就釋出善意，決議凍結員工基本薪資調整長達4年，好讓公司將更多的利潤投入新技術研發。2003年到2004年間，豐田汽車的淨利破紀錄地成長約55%，遠高於工會要求的紅利增加幅度。相形之下，美國通用汽車的勞資關係一直十分緊張，員工福利的醫療保險與退休給付等項目，在歷次罷工的談判中節節升高，使通用平均每部汽車的生產成本高出豐田約1,500美元，通用的競爭力因此大幅衰退。

誰擁有改善的決策權？

豐田將改善生產流程的責任歸屬至個人。第一線工人對他們的工作負有不斷改進的責任，而改善的目標是明確、清楚的，監督者則提供他們協助和指導。如果工人在業務流程上出了差錯，則由指導者協助共同解決問題。如果流程改善必須在大範圍內開展，豐田會成立一個改善小組，該小組包含所有與流程操作及管

理相關的人員。例如,在相先精機公司(Aisin Sebo,豐田汽車零組件供應商)的氣墊工廠,工廠主管負責將生產線從3條減為2條,他不僅要為這種變革提供政策性和指導性意見,也必須監督從支線到最後總裝線的所有流程順利運作。業務流程的改善是一個貫穿企業上下的工作,每個員工都能透過這種改善過程相互學習,不斷提高自身的問題解決能力。

豐田的精實流程從策略目標出發,配合生產流程改善、資訊溝通、誘因機制與決策權分配,最終回歸重視員工與強調學習的組織文化。因此,豐田不僅擁有精實生產、精實流程(如回收應收款)的具體優勢,更強調朝向精實思考(lean thinking)的組織文化邁進。

保時捷的精實震撼

1994年7月27日,德國著名跑車大廠保時捷(Porsche)盛大舉辦一場慶功宴,慶祝公司成立40年來第一輛沒有瑕疵的跑車(Carrera)出廠。保時捷能有這樣的成就,是豐田精實流程越洋播種的結果。

保時捷是一個以卓越製車工藝自豪的德國公司,但它在1980年代末期的管理實在糟透了:20%的交貨平均延遲3天,30%交錯貨,不良品率為千分之1。同時期,豐田的準時交貨率為99.96%,不良品率為百萬分之5。1990年代初期德國馬克巨幅升值,更是讓保時捷的銷售銳減,面臨倒閉危機。1991年,38歲的衛德金(Wendelin Wiedeking)被保時捷家族聘為新任董事長,他立刻安

排高階主管至豐田進行參觀學習之旅。當時他非常驚訝於豐田的無私分享，但他也表示：「日本汽車業都認為我們不是對手，所以態度很開放，這真傷害我們的自尊。」在衛德金以豐田為師（聘請日籍顧問團隊），勵精圖治3年後，保時捷大幅改善本身精於個別作業（工匠技術）、但拙於流程與供應鏈管理（橫向系統整合）的缺點，顯著地降低生產成本，大幅提升自己的競爭力。

高貴不貴
──Zara的啟示

作為時尚之都，巴黎的香榭大道上精品匯聚、名店雲集。請仔細留意，人氣最旺、生意最好的，卻是服飾連鎖店Zara。Zara是西班牙Inditex集團的主力品牌，全球約有630個店面，營收超過32億歐元。Zara具有一個很有趣的特點：它常在租金昂貴的商圈開店（例如義大利米蘭大教堂的精品圈、英國愛丁堡的王子街），卻販售平價且質感甚佳的商品。Zara的服裝由6歐元起跳，多數服飾的價位在30歐元左右，女裝最貴很少超過100歐元。Zara的設計走年輕化路線，顏色鮮明亮麗，但質地優、造型美，充分展現西班牙民族風味及流行時尚感。

香榭大道上的Zara鄰近蒙田大道（Avenue Montaigne），而蒙田大道則展現巴黎最奢華的一面。LVMH集團的要角（如LV、CD、Celine等）及香奈兒等超級品牌，莫不匯集於此，櫥窗設計及店內裝潢、陳列之精美，令人目不轉睛，反映在售價上自然是「高貴很貴」。例如香奈兒櫥窗的模特兒，其一身行頭約在新台幣

60萬元至80萬元之間。在全球經濟低迷之時，金字塔頂端客層對精品的消費並不受影響，但對絕大多數人而言，「高貴不貴」仍最具競爭力（以附加價值除以價格來衡量）。Zara的成功，顯示結合優質設計（不見得要到頂級）、快速市場反應力及高能見度的通路，就能創造成功的品牌。

Zara近年的快速崛起，和它在企業流程上的創新大有關係。Zara以2週為單位，將新產品鋪貨至店面，一年26次快速推出最新流行服飾。任何商品只要在3週內沒有賣出，立刻下架回收。為了掌握快節奏的銷售模型，Zara強調：

- 全球600多家店面的銷售人員，必須快速、有效地向總部回報觀察顧客流行品味的各項資料。
- 針對顧客來店資訊、流行趨勢資訊，總部擁有200多名優秀的時尚設計師，能迅速完成服飾與配件的設計。
- 為了掌握交貨品質與時效，不採用代工生產模式，完全由直營工廠生產（主要位在西班牙）。然而，為了控制成本，工廠也分布在東歐及亞洲等生產成本較低的地區。

由於Zara的銷售期極短，產品新鮮度夠，因此堅持從不折扣。再加上Zara採取「少量多樣」的行銷策略，讓顧客心生「看中意就必須立即購買」的急迫感，因此Zara的滯銷庫存及存貨跌價損失（時尚廠商極重要的成本）十分有限，足以彌補通路租金的成本壓力。Zara由上述精實流程所形成的商業模式，被譽為「服飾界的戴爾電腦」；而Zara的最大股東高納（Amancio Ortega

Gaona），也因此成爲西班牙首富。

精實供應鏈的秘訣

　　在供應鏈的研究中，有一個令人意外的發現：強調供應鏈的效率（efficiency）及省錢（cost-effective）的企業，並無法取得持續的競爭優勢；相反地，它們供應鏈的效益反而會逐漸惡化。例如，許多大企業採用集中式製造及裝配來產生規模經濟，它們要求貨品裝滿一整個貨櫃才能出貨。因此，當零售門市要求補齊某種特殊類型的存貨時，明明倉儲仍有存貨，卻因貨櫃仍未裝滿無法出貨，造成缺貨（stock out）的現象。根據美國的統計資料，當公司宣布大規模促銷時，平均有15％會產生明顯的缺貨現象。這種因缺貨而產生的機會成本，往往遠超過規模經濟帶來的成本降低利益。相對地，協同力強大的供應鏈有三大特質：

- **高度靈活性**（agile）：能因應短期突然的供需改變。
- **高度自我調適能力**（adaptable）：能因應中長期市場結構與企業策略的改變。
- **高度協調性**（aligned）：能讓供應鏈所有參與者的利益趨於一致。

高度靈活性

　　諸如不可抗拒的突發事件，就是考驗供應鏈靈活性的最好時機。1999年，台灣發生芮氏規模7.3的921大地震（2,415人死亡，

財物損失估計約92億美元），造成外銷的工業產品延遲了數週、甚至數個月才交貨，康柏、蘋果等著名電腦廠商因此必須延遲交貨時間。但戴爾電腦幾乎不受影響，自第二天起立刻改變價格策略，將顧客的訂單轉移為使用不虞缺貨的零組件。因此，自921地震後，戴爾電腦的市場占有率仍持續增加。

再以日本的7-11為例，它在1990年代改變策略，集中在較大型的都市內開店，並要求每天至少補貨3次，以保持產品的鮮度。在這種營運模式下，交通阻塞會使送貨的準時性受到極大挑戰。日本7-11的因應辦法，便是加強補貨運輸工具的多元化，除了卡車之外，摩托車、甚至直升機都紛紛出籠。

1995年1月16日清晨5點46分，當數百萬神戶市民還在睡夢中，發生了芮氏規模7.2的強烈地震。神戶大地震在20秒內摧毀10萬棟建築，近50萬民眾無家可歸，6,434人遇難，財物損失高達1,000億美元。神戶大地震發生後，各地運送救援物資的卡車塞在前往神戶的高速公路上，只能以每小時2英里的速度前進，幾乎動彈不得。地震發生的6小時後，日本7-11派了7架直升機及5輛摩托車，把6萬4千個飯糰送進神戶。日本新聞媒體評論說：「那真是令人感動得流下眼淚的飯糰！」

高度自我調適能力

卓越的企業通常不會建立死板固定的供應鏈。由於市場供需結構及公司策略都會改變，因而企業必須具備高度調適能力。1990年代，通訊設備大廠朗訊（Lucent）原來將生產完全集中在美國奧克拉荷馬州，隨著亞洲經濟的興起，朗訊發現必須將生產

設施移往亞洲（中國、台灣、印度、印尼等）。但是，當亞洲的製造能力與品質提升，許多中小型公司有能力以遠低於朗訊的成本生產其關鍵零組件。朗訊卻因為自己已擴充設廠，不願進行產能外包（outsourcing）。朗訊於2002年被迫關閉台灣廠，改採外包為主的供應鏈。不過時勢已去，它已喪失過去在全球通信產業的主導地位。

相形之下，惠普電腦就沒有犯下這種錯誤。在1980年代至1990年代初期，它的雷射印表機十分暢銷，惠普將研發中心設在華盛頓州，而主要生產基地設在新加坡。1990年代中期之後，惠普意識到雷射印表機的技術已經成熟，就把所有的生產外包出去，藉以取得成本優勢。因此，目前惠普仍在高度競爭的印表機市場居於領導地位。

高度協調性

在供應鏈上，各個廠商的利益可能不盡相同，彼此的利益衝突可能導致供應鏈績效不彰。通用汽車集團旗下的釷星（Saturn）車系，就採用利益協調的觀念，創造美國汽車業界最佳的零件供應網。釷星的主要策略是提供顧客最迅速、最完善的維修服務。釷星本身負責補充零件給各經銷商，9個月後若經銷商的零件仍未使用，它便收回來當成自己的存貨跌價損失；當經銷商補貨不及，必須由其他經銷點調零件時，多增加的運輸成本也由釷星承擔。由於釷星擁有最佳的資訊來提供這項服務，也願意承擔風險，所以當其他車廠的服務零件供應率是70％至80％時，釷星卻高達92.5％；而其他車廠的存貨週轉率僅為1至5倍，釷星卻高達7倍。

　　至於日本的7-11，則以「損益共享」來確保供應鏈的協調度。日本7-11給策略夥伴的訊息很清楚：協助7-11成功，就能分享獎勵；無法準時交貨，就準備接受處罰。只要7-11的補貨卡車延遲30分鐘，就必須付出等於運送貨品毛利的賠償金，這相當於7-11因減少銷售所產生的機會成本。因此，誘因制度的設計不只是公司內部的管理活動，也是協調供應鏈合作夥伴利益的重要工具。

精實流程拯救戰士生命

　　180年前，一位數字管理大師留下一句名言：「我們必須研讀統計，因為這些數字是神之意志的衡量。」由於將統計學應用在醫療流程管理的傑出成就，這位大師在1858年成為英國皇家統計學會的第一位女性會員；1874年，她又被美國統計學會選為榮譽會員。讀者可別感到意外，這位大師正是現代護理之母──南丁格爾（Florence Nightingale, 1820-1910）。

　　南丁格爾出生在一個富裕的英國家庭，由於從小對弱勢族群的關懷，使她不顧父母親反對，立志成為一名護士，而當時護士是低下、不被尊重的職業。1854年，英國與俄國在克里米亞發生戰事，戰爭初期英軍傷兵死亡率高達42％，輿論一片譁然。南丁格爾自動請纓，率領38名護士直奔前線。她對傷兵無微不至的照顧，深深感動了前方將士。

　　南丁格爾在克里米亞照顧傷兵時，發現既有的醫療資料零散混亂，於是她創建一套標準化表格，詳細記錄死亡與受傷士兵的數據，且以獨創的敘述統計量「雞冠圖」（Coxcomb）來分析這些

資料。南丁格爾將傷兵區分成「因戰爭死亡」及「非因戰爭死亡」（可預防）兩種原因；她還發現，絕大多數的傷兵其實死於醫療照顧不當所引發的感染，而不是戰爭因素造成。她以這些統計數字為基礎，進行徹底的醫療流程改造。短短6個月內，南丁格爾領導的團隊將英軍傷兵死亡率從42％降至2％。世人對南丁格爾的了解大多集中在她的人道精神，但我們應該多認識她在精實流程上的貢獻。

再看另一個例子：美國獨立戰爭期間（1775-1783），在戰場受傷的美國士兵死亡率高達42％。這個死亡率在南北戰爭期間（1861-1865）降到33％，在越戰期間（1961-1975）則降到24％。在2001年以後的阿富汗戰爭及第二次對伊拉克的戰爭中，美軍傷兵的死亡率急速下降到10％。為什麼有這麼大的變化？答案不是醫學科技的突飛猛進，而是醫療流程的精實管理。

根據美國國防部在越戰後期的統計資料，及時送達後方軍區醫院的傷兵，死亡率只有2.6％。也就是說，雖然有軍用直升機等快速後送機制，絕大多數的傷兵都是死於後送途中。因此，阿富汗戰爭之後，美國軍醫單位就部署在離戰鬥部隊不遠之處。雖然軍方醫療人員的風險提高，卻能在第一時間替傷兵進行包紮、止血等簡單急救。至於傷兵送回美國的平均時間，也由越戰時期的45天降至目前不到4天，傷兵送達後方軍區醫院的存活率因此大為增加。

在戰場上，傷兵的醫療流程管理能拯救寶貴的生命。在商場上，精進內部流程管理，也能提升企業的執行力。

除了基本功，還要協同力

在「金字塔九大絕招」的第一個層級（同時參見第十二章「企業成功金字塔」），強調基本管理活動的重要性。欲達到具體的管理成果，必須依靠一個個管理活動所形成的精實流程，而流程管理還必須依靠團隊協同力的發揮。這個團隊不是只包括企業內影響流程的部門，更包括產業價值鏈及供應鏈上具攸關性的合作夥伴。匯豐集團（HSBC Holdings）董事長龐德爵士（Sir John Bond）如此稱讚利豐集團：「他們正站上強調全球連結（inter-connection）與協同的浪頭上」。這種對於協同力的重視，也適用於其他企業。

至於精實流程的效益如何發揮，仍須回歸本書強調的四個支柱：明確的策略定位（速度、品質或拯救人命）、充分的資訊掌握與分享、組織內部與供應鏈參與者一致的誘因，以及讓參與員工分享適當的決策權。

參考資料

- Michael Porter, *Competitive Advantage*, Free Press, 1985.
- Michael Y. Yoshino and Anthony St. George, "Li & Fung: Beyond Filling in the Mosaic, 1995-1998," Harvard Business Case No. 9-398-092, Harvard Business School, 1998.
- Jeffrey Liker, *The Toyota Way: 14 Management Principles from The World's Greatest Manufacturer*, McGraw-Hill, 2003.

● James Womack and Daniel Jones, *Lean Thinking: Banish Waste and Create Wealth in Your Corporation*, Free Press, 2003.

● Hau Lee, "The Triple - A Supply Chain," *Harvard Business Review*, December 2004.

● Robyn Meredith, "Commercial Crossroads," *Forbes*, Jan 2006.

● 馮邦彥，《百年利豐：從傳統商號至現代跨國集團》。香港：三聯書店，2006。

09 激勵創新才有應變力
——別以為莫札特只靠天才

Production

2006年1月14日
全球蘋果電腦員工電子信箱

Date　　Day/Night　Sync/Mute

清晨6點半左右，蘋果電腦執行長賈伯斯（Steve Jobs）送出一封給全球員工的短信：「各位同事，事實證明麥克戴爾（Michael Dell，戴爾電腦董事長）並不善於預測未來。根據今天股票市場收盤價，蘋果電腦的市場價值（721.3億美元）已經超越了戴爾電腦（719.7億美元）。雖然股票價格有漲有跌，世事也很難預料，但我認為這件事值得讓我們沉思片刻。」

賈伯斯此刻應該有些許復仇式的快感。因為在1997年的美國IT大展中，有人問起戴爾：蘋果電腦應該怎麼解決經營危機？當著數千名與會的科技經理人，戴爾不留情面地說：「如果是我，我會關閉這家公司，然後把錢還給股東。」然而，自從2001年賈伯斯正式回鍋接任執行長後，這顆市值擊敗戴爾電腦的「金蘋果」，正以一系列的創新產品（如iPod）橫掃多媒體市場，再度閃耀於世。

　　為什麼賈伯斯有如此強烈的創新動機與能力？2005年6月12日，賈伯斯在史丹佛大學的畢業典禮上，對著擠滿一整個足球場、歡呼聲連連的全校師生，說起自己的故事。1972年，賈伯斯因為不想讓養父母繼續負擔昂貴的學費，他成為奧勒岡州理德學院（Reed College）的中輟生。在休學期間，他發現校園內的海報及抽屜的標籤上，使用了美麗的手寫字，於是他跑去旁聽學校開設的書法課程（calligraphy）。賈伯斯認為，書法的美感、歷史感與藝術感是科學無法捕捉的，他也為此深深著迷。他努力自修各種字體，也學到在字母間變更距離的技巧，這些都是數百年來西方活版印刷術的珍貴遺產。當時他沒想過學習書法能有什麼實際作用；十年後，在他設計麥金塔電腦時，他想起過去所學的東西，因而創造出世界第一台能印出漂亮字體的電腦。

　　巴黎的畢卡索美術館（Musée National Picasso）為創新的方法提供另一個有趣例子。在2004年畢卡索及安格爾的特展中（Jean-Auguste-Dominique Ingres, 1780-1867；為畢卡索推崇的著名法國畫家），觀者可清楚看到畢卡索以許多安格爾的名畫為模仿範本，進行構圖的拆解及扭曲。畢卡索往往連續畫了5、6幅畫之後，才擺脫安格爾的影子，變成大家熟悉的特殊風格。以安格爾的名畫「宮女」（La Grande Odalisque, 1814；見圖9-1）為例，當時該畫被古典畫派批評為扭曲詭異（背部過長，大約多了3節脊椎骨，不符合人體比例）。但是，此畫展現的「扭曲之美」，卻是畢卡索的靈感來源，也是他不斷臨摹及嘗試超越的目標。畢卡索號稱為20世紀最具創新精神的藝術家，但他的創新仍借重「有深度的抄襲」。

　　賈伯斯做的是「無意識」的深度學習。事後回顧他才發現，

圖9-1 安格爾名畫「宮女」

當年讓他著迷的書法，意外地成為後來的創新養分。至於畢卡索，他進行的是「有意識」的深度學習。當他看到前輩畫家的精彩點子時，他會不厭其煩地反覆演練，務必讓自己完全消化別人的觀念、技巧。杜拉克曾說：「在我遇過的成功企業家當中，並沒有所謂的企業家性格／人格，而是他們對系統地實踐創新有所承諾……創新可能來自靈感的突然湧現，但是絕大多數的創新來自於有意識、有目的地搜尋創新機會。」

創新能力是知識經濟時代的競爭利器，也是面對不確定性的應變力基礎。擁有具備創新能力的員工，對企業固然有利，若企業不能創造有利於創新的文化與管理機制，個人的創造力很容易被扼殺。在過去的管理會計教材中，創新的管理機制一直被忽略，本章的目的即是針對這個議題進行初步探索。

創新從「問有趣的問題」開始

創新的企業要擁有能創新的員工。然而,怎麼鼓勵創新呢?答案是:應該要培養員工「問有趣問題」的習慣。1944年的諾貝爾物理學獎得主拉比(Isidor Isaac Rabi, 1898-1988),他以發明可記錄原子核磁性的共振方法著稱於世,這項發明後來被用來設計原子鐘。有人詢問他在科學上不斷創新的秘訣時,他回答:「這主要必須歸功於我的母親!」拉比是猶太人,大多數的猶太家庭都十分重視子女的教育,雙親們每天會習慣性地詢問子女功課是否做完、成績表現是否優良。但是拉比有個十分另類的母親,每天拉比回家後,她固定問他:「你今天在學校問了什麼好問題呢?」拉比的童年沉浸在每天向母親描述「好問題」的興奮中,而「問好問題」會帶來創新的思考。

愛因斯坦曾說,如果只有一個小時可使用,他願意花55分鐘去想最棒的問題,而在剩下的5分鐘內,他就能想出正確答案。根據心理學研究,一個兒童每天平均詢問大約125個問題,一個成年人卻只詢問大約6個問題。因為一個人成年後好奇心迅速遞減,他們比較關心如何回答問題,而不是如何問問題。他們進入職場後,甚至常被上司要求貫徹「執行力」,而不要提出太多的問題。為了克服一般人的通病,杜拉克喜歡問高階經理人下列最基本的問題:「誰是你的顧客?」「你的生意是什麼?」這些問題逼迫經理人面對管理活動的本質,進而產生創新的思考。企業必須培養能「問有趣問題」的人才,這才是提升創新能力的做法──雖緩

慢，但極爲堅實。

創新的先決條件：策略上的專注

　　科技廠商有如拳擊選手，獲勝不易，衛冕更難；如果衛冕失敗，他們通常都無力重回競技場。相對之下，「高齡」75歲的德州儀器（Texas Instruments）現在仍基業長青，具有持續的創新能力，實屬異數。

　　德州儀器成立於1930年，早期專注於開發石油與天然氣的探勘儀器，後來卻成爲世界最早的積體電路及手持式電子計算機的發明者。一路走來，這間75年的「老店」始終以創新能力著稱。1996年，新任執行長安吉伯斯（Thomas J. Engibous）上任，他認爲德州儀器的產品線太雜、太廣，DRAM事業的獲利更是起伏太大，於是回歸專注的策略，並執行簡化、購併、深耕等步驟的「創新三部曲」。

首部曲：簡化

　　當時年僅43歲的安吉伯斯，一一說服董事會成員，最終得以進行他簡化、聚焦的經營策略，其中包括將國防電子業務賣給美商雷神公司（Raytheon Company）、筆記型電腦部門出售給台灣宏碁公司、印表機部門出售給美商傑尼康（Genicom）。甚至連德州儀器最引以爲傲、並一度成爲全球最大供應商的DRAM部門，也以約8億美元的代價出售給美商美光科技（Micron Technology）。重新聚焦之後，德州儀器將發展重心放在數位訊號處理晶片

（Digital Signal Processor，簡稱DSP）。因為安吉伯斯知道，通訊革命將創造更勝於個人電腦市場的商機，德州儀器必須將資源集中在通訊市場。

二部曲：併購

德州儀器並不只是出售非核心事業而已。為了維持公司在通訊科技領域的優勢，它還不斷收購擁有通訊業最頂尖科技的公司。其中最著名的例子，便是1999年併購特拉吉網路公司（Telogy Networks）。在當時的網路電話軟體市場中，特拉吉網路的全球市占率高達90％。另外，德州儀器也不斷收購對其技術發展有利的市場領導者，包括纜線數據機的Libit 公司、無線區域通訊的Alantro、GSM通訊協定的Condat、CDMA及3G應用的Dot Wireless、類比訊號的Power Trend等。德州儀器的這些併購作為，都是為了在各類通訊技術領域不斷產生綜效，使它在技術創新上始終領先。

三部曲：深耕

DSP的應用層面極廣，不但可用於行動電話、攝影機、電腦網路設備、汽車、視訊轉接盒，甚至連會說話的洋娃娃和精密磅秤也在其中。但是，如何將這麼多的功能匯集在一塊小小的電路板，各種組件的相容性、甚至多功能性便是其中關鍵。德州儀器為了維持競爭優勢，即使在2001年及2002年分別虧損2億美元及3億4千萬美元，這兩年的年度研發費用仍維持在16億美元左右。

＊

德州儀器這10年來進行的變革，就是持續不斷地創新。至於德州儀器持續創新的竅門，安吉伯斯說得好：「創新就是專注。」（Innovation is concentration.）不夠專注的企業即使有高度創意的員工，還是會把他們的精神耗在混亂的研發活動中。

精實企業的綠色創新

2003年3月21日傍晚，兩屆奧斯卡影帝湯姆漢克（Tom Hanks）小心地低著頭跨出車門，走上奧斯卡晚會的紅地毯。他有司機為他開車，但他不是由六門豪華大禮車接送，而是搭乘小巧精緻的豐田Prius。漢克斯對蜂擁而上的記者揮揮手，指著Prius微笑說：「它對地球好，對美國好，也對中東好！」從此之後的奧斯卡盛會，紅地毯搭配豐田的「綠」汽車，成為好萊塢明星展現環保關懷的時尚活動。

這輛採用油電混和動力（hybrid）的Prius，源自豐田1993年的「G21計畫」（Global 21st Century），目標為研發新生產技術與提升能源效率，由渡邊捷昭（Katsuaki Watanabe）社長親自主持。當時的石油價格還不像今日如此高漲，但渡邊捷昭深知，研發具有節能效益的新車，是公司未來必定要走的方向。承續豐田過去在電動車領域的研發成果，專案團隊很快地以油電混合動力為研發核心。歷經四年的不斷努力，終於有了成果。1997年10月，搭載嶄新動力系統的Prius在日本首次亮相，並於同年12月上市。這個劃時代的創新，對講求精實生產（lean production）、增額改進與風險規避（risk-averse）的豐田來說，是一個巨大的躍

升。然而，成功關鍵就在於公司有明確的策略目標：節能效益；而且獲得前後兩任社長渡邊捷昭與張富士夫（Fujio Cho）的長期支持。這顯示出長期專注對創新的重要性。

此外，豐田各研發中心均有參與技術研發的機會，達成集思廣益與腦力激盪的效益。在研發過程中，他們採取比賽方式，選出最優異的研發成果，這也是成功的關鍵之一。依據總工程師內山田武（Takeshi Uchiyamada）所說，Prius的外型設計由日本與美國的兩組研發團隊競爭，最後高層依據創新程度、考量是否符合新車形象等，選擇美國的團隊。即使日本的研發團隊稍感失望，仍隨即投入油電混和動力的研發，希望能為新車專案有所貢獻。在開發與測試過程中面臨無法解決的問題時，內山田武帶領的動力研發團隊會向各研發中心求援，再由該團隊評選來自全球研發夥伴的最佳解決方案。在Prius上市的前一年（1996年），最高紀錄是1千個方案同時競賽。不斷出現的疑難雜症，代表他們離成功還很遙遠，但在這個公開、分享、競爭的機制下，這些問題都一一找出解決方法。連最關鍵的電池問題，都在新散熱器與新半導體開發出來後得到突破。

雖然豐田採用競賽制度來激發研發人員的創意和士氣，但豐田避免讓競賽成為淘汰員工或營造對立氣氛的工具。其實，鼓勵創新還必須同時兼顧內在動機與外在動機。內在動機（intrinsic motivation）主要是熱情和興趣。1981年的諾貝爾物理學獎得主蕭洛（Arthur Schawlow）說過：「為愛辛勞（labor of love）是非常重要的。最成功的科學家往往不是最有天分的人，而是最會被好奇心驅動的人，他們會堅持找到答案。」而綠色節能車對顧客、

公司及社會的貢獻，也是豐田激勵研發團隊的一環。

　　至於外在動機（extrinsic motivation），意指創新成果所帶來的獎賞，通常是給予金錢或地位。對持續性的創新而言，內在動機往往遠比外在獎賞來得重要。以心理學著名的「迷宮實驗」（creativity maze）為例，如果只靠外在獎勵，受試者會重覆過去的經驗，以最快、最安全的方式走出迷宮，這條路線是最沒有想像力的；反之，如果受試者有時間進行不同的嘗試，解答可能較有創意。

　　根據產業分析師的判斷，豐田汽車在2006年就會超越通用汽車，成為世界車壇新霸主。看起來，如果「精實」與「創新」能同時兼顧，的確會產生攻無不克的競爭力。

3M是寧靜的創新巨人

　　2005年9月7日，一個溫馨的慶祝活動在美國明尼蘇達州舉行——慶祝思高牌透明膠帶（Scotch transparent tape）上市75週年。思高牌膠帶在1930年上市時，年營收只有33美元；75年後，這種膠帶「演化」成將近400種相關產品，年營收全部高達15億美元。思高牌膠帶幾乎是家庭及辦公室的必需品，甚至有專書介紹它高達350種以上的實際用途。事實上，它不過是明尼蘇達礦業製造公司（Minnesota Mining and Manufacturing Company，簡稱3M）超過6萬種產品中的一項。

　　根據美國波士頓管理顧問公司（Boston Consulting Group）在68個國家、針對940位高階經理人所做的調查，在2005年全球最受

景仰的創新型企業（most innovative companies）中，3M名列第2
（第1名是蘋果電腦）。相對於蘋果電腦光鮮亮麗的創新形象（例如
創造超級明星產品iPod），3M有如一個寧靜的創新巨人。蘋果電
腦執行長賈伯斯幾乎家喻戶曉，大多數人卻叫不出3M執行長或研
發主管的名字。但是，這個成立百年餘的公司，已建立一個以創
新能力為中心、高獲利且可長可久的商業模式。

在過去，關於3M為激勵員工創新所建構的管理機制，管理學
文獻已有廣泛的討論。3M鼓勵科技人員的做法是：讓他們把15%
的工作時間花在自己選擇和主動提出的議題（即所謂的「私釀酒」
計畫）；3M內部也設有十幾種獎項，鼓勵員工創意研發的成就。

3M將創新構想轉變成獲利產品的研發執行力，直到現在都不
曾減弱。最近3M執行長麥克納尼（James McNerney）驕傲地宣
布：3M在2004年來自新產品的營收較2003年成長了50%，而且這
種成長率在未來還可望擴大。麥克納尼的信心不只來自於「舊瓶」
（百年的研發經驗），更來自於「新酒」——自2001年起，3M正式
啟動「設計的6個標準差」（Design for Six Sigma，簡稱DFSS），有
系統地增加新產品成功上市的速度和比率。具體來說，透過收
集、分析與客戶互動的統計數據，DFSS協助3M決定一項新產品
能否進入下一個發展步驟。這些步驟包括：提出創新的想法
（idea）、發展概念（concept）、可行性分析（feasibility）、產品發
展（development）、量產（scale up）、上市（launch）及上市後的
改良與檢討等。

儘管3M以創新聞名，但在1990年代中期，3M發現產品線的
創新多半來自現有產品的增額改良（incremental improvement），

缺乏真正較具開創性的突破。為了扭轉這個趨勢，3M在績效評估制度中訂下一個大膽的目標：30%的營收必須來自過去4年發展出的新產品。要達到這個目標，3M開始嘗試所謂的「向領先使用者取經」（lead user process）。這個流程出自於兩個與創新有關的研究成果：

1. 許多重要的產品構想或粗胚，最早是由使用者發現或創造，而非製造商的功勞。

2. 在使用者當中，有一群人稱為「領先使用者」（lead user），他們的需求或滿足此需求的方法通常走在趨勢之前，而且遠超出一般使用者。

由此可知，有系統地向「領先使用者」學習，就成為創新的重要方法。

讀者還記得第六章介紹的作業基礎成本制嗎？實際上，它就是「向領先使用者取經」的成果。1980年代，柯普朗教授便發現，許多企業第一線的工程師早就不滿財會部門提供的成本資訊，因此自行設計更精確、更合理的「私房」成本系統。這些系統解決了工程師部分的日常決策需求，也成為柯普朗構思作業基礎成本制的靈感來源。

對於有心提升創新能力的台灣企業，3M是一個非常好的典範。它沒有天才型的企業明星，或是難以捉摸的創意發展過程；相對地，它有長期、豐富且合乎人性的典章制度可供參考。3M的歷任執行長幾乎都出身於美國中西部農村，他們低調、務實，具

有尊重個人自由的傳統價值觀，也具備高度的紀律要求。企業若想學習這位寧靜的創新巨人，千萬不能忽略3M背後的組織文化。

霹靂布袋戲的創新
——聚焦於「取悅觀眾」

2005年7月16日凌晨0時1分，《混血王子的背叛》（*Harry Potter and the Half-Blood Prince*，「哈利波特」系列第六集）正式在全世界的書店銷售。24小時之內，該書就售出約900萬冊（美國690萬冊，英國200萬冊），創下書籍銷售的世界紀錄。羅琳女士（J. K. Rowling）的「哈利波特」系列目前全球賣出超過2億5千萬冊，她也因此名列英國10大富豪。會說故事，顯然是文化創意產業的最大賣點。若問起誰是「台灣版」的哈利波特？我有一個另類的答案：霹靂布袋戲的主角「清香白蓮」素還真。

若讀者週末至各大VCD／DVD出租店（全省約1,800多家）逛逛，相信各位會發現，涵蓋各個年齡層的顧客焦急地問著店員：「片子來了沒有？」沒錯，他們問的是黃強華、黃文擇兄弟（黃俊雄之子）的霹靂布袋戲系列影集。該系列每週發行2集，每集租金80元，目前已發行超過1,000集。死忠的霹靂戲迷遍布全省，從小學生到博士戲迷都包括在內。

1988年起，黃家兄弟在《霹靂金光》一劇中以素還真為主角，發展出錯綜複雜的劇情，劇中人物一共多達500多人！似假還真的夢幻時空與超凡入聖的奇招怪式，更將布袋戲提升至電影化的精緻境界。近年來，霹靂集團對商業模式的操作漸趨成熟與多

元。除了持續性的節目製作外，霹靂集團還經營以播放布袋戲影集爲主的電視台、發展線上遊戲、演出舞台劇（1998年於國家戲劇院演出《狼城疑雲》）、拍攝電影（2000年的《聖石傳說》），並推出各項周邊產品（如布袋戲偶、文具等），在商業上大獲成功。

霹靂系列的產品主要以35歲以下的年輕觀眾爲目標，講求聲光感官之美。即使有些人認爲，霹靂系列的娛樂性重於藝術性，難登大雅之堂，但黃家兄弟深諳時代需求，他們不斷創新的精神與靈敏的市場嗅覺，顯現他們對文化創意產業的強烈企圖心，以及不依賴政府補助的頑強生命力。黃家兄弟曾說：「我們期待自己能成爲布袋戲的史匹柏（Steven Spielberg）。」他們也體認到「沒有觀眾就沒有舞台」。簡而言之，霹靂系列的創新能力，正是因爲黃家兄弟能聚焦於「取悅觀眾」。

舊幹發新枝的挑戰

沐浴應該是件輕鬆舒服的事，但是古代商朝的第一代君主湯，卻在他的澡盆刻上「苟日新，日日新，又日新」的嚴肅字句。相似的是，周文王最關切的核心課題也是：「周雖舊邦，其命維新。」他們都是焦慮不已的領袖，憂心「舊幹」上是否能發出「新枝」；他們除了期許自己能日新又新，更致力於「做新民」（鼓舞組織內的每個成員追求創新）。哈佛商學院的著名企管學者克里斯汀生（Clayton Christensen）指出，大企業經常被小公司以「破壞性創新」（destructive innovation）的商業模式或思考邏輯所擊垮。不過，創新不見得都來自於新成立的公司，許多大型公司

也具備推陳出新的能力。其實，若要新枝能自舊幹發芽、成長，
企業通常必須面對以下三種挑戰。

挑戰一：如何遺忘

　　經理人很容易重複過去熟悉的成功經驗。但是，關於企業提
供給顧客的價值，新的事業體通常必須重新定義，並學習一套新
的核心能力。例如，通用汽車在1995年成立一個子公司名爲「導
航星」（OnStar）。導航星結合全球衛星定位及無線通訊技術，提
供駕駛人保全（尋找失車）、道路救援（車禍、機械故障等）及貼
心的駕駛服務（地圖導引、無線開鎖、代訂餐廳等）。目前全美已
有4百多萬個導航星用戶，是通用公司最有成長力的轉投資。導航
星的經理人大多來自通用汽車，他們最大的挑戰在於必須忘記製
造業的心態，來建構一個以服務爲主的商業模式。但是，「遺忘」
並不是容易的事。當長於製造的工程師負責消費電子產品部門
時，往往深陷於自身對成本、良率與功能的執著，無法在設計美
感等產品的軟性層面下夠功夫。

挑戰二：如何借力

　　一個新創公司（start-up）的優點是完全沒有歷史包袱，可以
立即導入新的商業模式或競爭方法；至於一個已經成熟的企業，
就必須「借力」於組織既有的資源，才能創造相對競爭優勢。舉
例來說，當紐約時報公司於1995年創立網路型態子公司「數位紐
約時報」（New York Time Digital），它一度想另外設置專屬新聞室
（newsroom）。但是數位紐約時報後來發現，它可和母公司共享既

有資源，也能利用母公司的金字招牌，對外快速塑造「優質網路事業」的形象。再以導航星的服務事業為例，它也可借力於通用汽車在硬體製造的專長，藉以增加服務品質的穩定性。例如當汽車安全氣囊撐開時，系統須正確無誤地發送無線訊號給導航星資訊中心。除了通訊技術之外，導航星相關服務的設計仍須仰賴汽車硬體面的知識。

挑戰三：如何活用管理機制

管理制度的應用必須因時制宜，否則可能會扼殺新事業。以預算制度為例，如果應用在成熟的部門，勢必會以「預算目標是否達成」作為績效評估的標準。對於剛進入新事業的部門，因為外在環境的不確定性高，商業模式也尚未成熟，太過強調達成預算目標，甚至以此作為經理人獎懲或部門資源分配的重要依據，可能會造成人才流失或新事業缺乏資源。就新事業而言，預算反而比較像是學習的工具，重點在於創造最大的學習效果。至於預算目標的達成情況，則可當成衡量學習效果的指標。當學習效果產生時，經理人對經營成果的預測能力就會隨之增強。

*

如何讓舊幹發出新枝，是企業組織創新的極大挑戰；如何使這個過程的成功機率提高，也是創新管理的重要議題。

寶僑大膽採用外部創新構想

消費產品巨人寶僑一向以卓越的行銷能力著稱，但在2002

年，寶僑清楚地意識到自己的瓶頸。對一個年營業額700億美元的大型公司，5%的營收成長代表了35億美元的生意。寶僑知道公司必須更加仰賴創新，藉以帶動成長，但是過去靠組織內部自行創新的模式顯然有重大缺陷。例如，寶僑的創新成功率（*新產品銷售達成財務目標的比例*）一直停留在35%左右。疲軟的銷售量、單調平凡的新商品，加上獲利能力不佳，使寶僑股價在2002年初由118美元跌至52美元左右。

同年（2002年），寶僑執行長賴夫利（A. G. Lafley）決定以更積極的方法提升創新能力。他大膽地宣誓，公司將把來自外部的創新構想提升至50%。此舉不是要取代寶僑7,500位研發及後勤人員的功能，而是使內外互通的能力更為加強、更有成效。

目前寶僑的做法主要有兩大重心。首先，公司本身必須界定創新的目標，聚焦於具可行性與市場性的產品、模式或技術。例如，釐清什麼是能推動品牌成長的主力產品、與原暢銷產品或品牌相關的鄰近商品，或是釐清哪種商業模式能掌握關鍵技術。接下來，寶僑便會採用兩種向外連結的網絡。

1. **建立寶僑專屬的網路平台**：這個平台用來連結寶僑全球70位科技創業家（*一般由寶僑資深員工擔任，派駐世界各國，負責找尋新點子*）與主要15家供應商等近5萬位研發人員。

2. **善用開放網路創新平台**：目前寶僑往來的創新方案解決平台有NineSigma、InnoCentive與YourEncore等三家網路公司，以及屬於線上智慧財產權交易的Yet2.com。在這些網路平台的背後，有來自全球各行各業的研發高手，他們提供創意方案滿足寶僑提

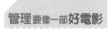

出的需求,並視方案的品質與寶僑談判酬勞。

在宣布這項外部創意計畫的初期,寶僑原本的研發人員難免擔心丟掉飯碗,資深員工更有排斥「非自家發明」產品的心態。因此寶僑提供一項誘因機制:只要最終產品在市場上銷售成功,參與開發的人員都可分到獎金。如此一來,即使不是自家開發的商品,只要掌握對的創意標的,就有機會獲取未來上市成功的分紅,這種做法紓解了公司研發人員的抗拒心態。

尋找莫札特
——天才並非不流汗水

2006年1月4日,英國著名導演葛瑞布斯基(Phil Grabsky)拍攝的紀錄片《尋找莫札特》(*In search of Mozart*)在倫敦巴比肯中心(Barbican Centre)舉行首映。這是莫札特250歲生日的獻禮,導演葛瑞布斯基試圖以該片回答一個問題:莫札特究竟是什麼樣的人?

1984年福曼(Milos Forman)執導的電影《阿瑪迪斯》(*Amadeus*),留給世人一個生動有趣但錯誤百出的莫札特印象。葛瑞布斯基透過嚴謹考證,發現莫札特雖是一個擁有極高天分的作曲家,卻不是後人所描繪的那樣——一個一揮而就的作曲家。事實上,莫札特是天分與外在環境相互激盪的產物。他有一個精通音樂的父親,從小就提供最有效的訓練讓他學習音樂,並且經常帶他周遊歐洲各國,除了吸收先進的音樂知識,也學習重要的

語言（當時創作歌曲的必備語言是義大利文）。

　　葛瑞布斯基還發現，莫札特幾乎每晚參加音樂會，融合、吸收其他作曲家的長處。縱然他具有一揮而成的天才之作，但許多作品也讓他絞盡腦汁、一改再改。因此葛瑞布斯基認為，莫札特數量眾多且水準出眾的作品，來自於決心、專注的部分可能比純粹歸之於天分來得多。莫札特只是印證了發明大王愛迪生的名言：「天才是1分的天分，加上99分的努力。」如果莫札特都不能只仰賴天分，更何況是一般的經理人！

＊

　　對奇異公司執行長伊梅特（Jeff Immelt）來說，目前最困擾他的問題，就是如何增進企業成長力。雖然6個標準差管理（six sigma）仍是奇異的驕傲，但是光靠紀律已無法使奇異脫離成長趨緩的情勢。因此伊梅特認為，當務之急是「培養新一代的企業領袖，讓他們對顧客和創新充滿熱情」。

　　當企業界熱切地要求創新時，全球各大商學院卻發現，企業缺乏好的課程來教導經理人進行創新。為了彌補這個缺憾，美國史丹佛大學近期成立了設計學院（Stanford Institute of Design，又稱為D-School），推廣以科技整合的方式，把創新思維應用於商業模式、策略、流程及產品設計。然而，我們究竟如何才能培養企業的創新能力？總結本章的案例，我認為仍須回到以下這些重點：建立創新的文化氛圍、制定專注的策略、打造多元的資訊交流環境、給予適當的激勵，以及提供員工適度的自主權。企業若想在多變的競爭環境中具備強大應變力，積極培養創新能力絕對是必要的修練。

參考資料

● Teresa Amabile, "How to Kill Creativity," *Harvard Business Review*, Sep-Oct 1998.

● Peter Drucker, "The Discipline of Innovation," *Harvard Business Review*, Nov-Dec 1998.

● Eric von Hippel, Stefan Thomke and Mary Sonnack, "Creating Breakthroughs at 3M," *Harvard Business Review*, Sep-Oct 1999.

● Alden M. Hayashi, "When to Trust Your Gut," *Harvard Business Review*, Feb 2001.

● Vijay Govindarajan and Chris Trimble, *10 Rules of Strategic Innovators*, Harvard Business Press, 2005.

● Larry Huston and Nabil Sakkab, "Connect and Develop: Inside Procter & Gamble's New Model for Innovation," *Harvard Business Review*, March 2006.

10 改善決策才有存活力
——理智與情感的拔河賽

Production

1995年5月
聖塔克萊拉英特爾總部
美國加州

Date　　　Day/Night　Sync/Mute

英特爾執行長葛洛夫正聚精會神傾聽業務主管的報告，他的秘書隔著窗戶對他比了個手勢。葛洛夫猜想，這應該是指他的泌尿科醫生來電。他走出會議室，接過電話，醫生直接切入主題：「安迪（葛洛夫名），你的攝護腺有顆腫瘤，只有一點點擴散。」這個平鋪直敘的檢驗報告，逼得葛洛夫不得不面對他一生中最嚴肅的決策——存活。

1994年秋天，葛洛夫在新任家庭醫生安排下，進行例行性年度健康檢查，而血液檢查新增了一項PSA檢驗（Prostate Specific Antigen，攝護腺特異抗原）。這是剛被核准通過的檢驗，若一個人的PSA值愈高，表示罹患攝護腺癌的機率愈大。葛洛夫的PSA指數為5，比一般正常人的平均數值4稍高。他原來不以為意，但從事醫療專業的女兒，建議他盡快找泌尿科醫師做進一步檢查。此刻，醫生證實他有腫瘤，但是癌細胞擴散的機會真的不大嗎？

圖10-1 攝護腺癌的兩種治療方法

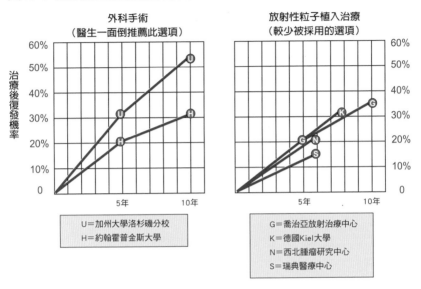

外科手術
（醫生一面倒推薦此選項）

放射性粒子植入治療
（較少被採用的選項）

治療後復發機率

U＝加州大學洛杉磯分校
H＝約翰霍普金斯大學

G＝喬治亞放射治療中心
K＝德國Kiel大學
N＝西北腫瘤研究中心
S＝瑞典醫療中心

註：葛洛夫原始的分析有三種治療選項，此處簡化成兩種選項。

葛洛夫不習慣把自己交給運氣，因此他開始積極蒐集攝護腺癌資訊。根據他蒐集的最新醫療文獻，以及再次進行PSA檢驗後得到的數據，葛洛夫估計癌細胞擴散的機率約為60％，因此他必須接受積極的治療。

1995年7月，葛洛夫把他蒐集的大量資料和數據整理出來，按照全球頂尖醫院治療攝護腺癌後的復發狀況，濃縮成圖10-1的兩種選項。

第一個選項是大多數泌尿科醫生建議的外科手術治療；第二個選項當時較少人採用，但它是復發機率看來較低的新療法「放射性粒子植入」。對葛洛夫來說，何者才是明智的決定呢？

在這個性命交關的時刻，葛洛夫想起大學時代他最敬佩的史密特教授（Alois Xavier Schmidt）所說：「當每個人都說事情註定如此時，代表所有的人都不了解它」。葛洛夫認為，當前醫界對外科手術的「多數共識」（common wisdom）不一定對。經過客觀數據的分析、比較後，葛洛夫選擇了放射性粒子植入法，治療十分成功，目前仍健康有勁地享受人生。

葛洛夫曾問他的主治醫師：「如果你是我，你會選擇哪一種療法？」他的醫師回答：「大概還是選擇動手術吧！」葛洛夫追問原因，醫師回答：「根據我以往受的醫學訓練，攝護腺癌的最佳療法就是動手術。我想我的思考已經定型了。」

在經歷抗癌的考驗後，葛洛夫對決策有更深刻的體悟：當你遇到問題時，必須回到根據事實和著重分析的基本原則，不要人云亦云。葛洛夫表示，他面對攝護腺癌的決策不外乎下列四個步驟：

- **探索**（investigate）：廣泛蒐集資料，形成選項（alternative）。
- **選擇**（choose）：確定決策的標準（*治療後的生活品質、復發率等*）。
- **執行**（do）：盡快徹底執行，除惡務盡，一擊中的。
- **回饋**（feedback）：決策是否正確，必須不斷追蹤後續發展。

本質上，葛洛夫的抗癌決策與企業決策其實相似。本章的目

表10-1 決策類型與組織行為

	說服型	探索型
決策的基調	權力的較勁	以合作解決問題
討論的目的	命令或遊說特定選項	檢驗與評估選項
討論的角色	作為特定決策的發言人	作為有批判力的思考者
行為型態	說服他人	表達中肯意見
	為自己的看法辯護	接受其他可行方案
	忽略自己的缺點	容納有建設性的批評
少數人的角色	不被鼓勵表示意見	意見會受到重視
結果	區分贏家與輸家	團隊形成共識

的便是介紹管理會計關於決策的基本觀念與工具,協助企業改善決策流程,以增加企業的長期「存活力」。

決策是過程,不是單一事件

　　雖然做下決策是經理人的重要職責,但許多研究顯示,經理人進行決策時,經常沒有提出足夠的選項,或進行深入的評估。經理人常把決策當成是單一事件(event),但決策其實是一個過程,會受不確定性、政治動作、個人意見和公司過去歷史的影響。決策過程可大略分成說服(advocacy)和探索(inquiry)兩大類型(Gravin and Roberto, 2001),這兩種類型會產生相當不同的組織行為(見表10-1)。

　　即便說服型的決策過程可能產生正確的決策,但要形成學習型組織,確保長期的決策品質,企業必須發展出探索型的決策過程。在決策過程中,人們難免無法避開衝突:一種是建設性的衝

突，主要為不同意見之爭；另一種是人身衝突，也就是人身攻擊及情緒之爭。

在第七章，我曾提到艾默生電氣公司近年的表現。艾默生前總裁奈特（Charles Knight）於1973年上任，在職27年，於2001年退休。他最自豪的就是保住公司連續43年獲利成長的紀錄，而他最痛恨因決策思考不周造成的意外。奈特喜歡在每一個決策環節的討論中，刻意挑起建設性的衝突，他稱之為「不邏輯的邏輯」（logic of illogic）——亦即不斷挑戰各種方案的假設與選項，以刺激參與者思考。奈特是出名的急性子，若是準備不周的員工，就好像會被他撕成碎片。他宣稱他對經理人的挑戰與質疑，絕對是「對事不對人」。但是，奈特退休後自我反省了一下，他承認有時候員工可能不見得如此感受。

葛洛夫也提倡決策時採取探索式思考。對於未來，他一直保持高度警戒心：「英特爾只要犯了一個錯就萬劫不復，而自以為是的封閉心態是走向深淵之路！」然而，在比較威權式的企業文化中，探索式的決策模式往往難以被高層接受，經理人甚至可能會花心力揣摩上意，避免自己提出特立獨行的意見。

攸關資訊與決策

管理會計強調在決策中應用「攸關」（relevant）資訊。攸關資訊具有兩個特性：

1. **必須與未來有關**：「攸關成本」意指決策之後未來發生的

成本；「攸關收益」意指決策之後未來發生的收益。攸關成本與攸關收益並不限於財務報表上可量化的數字，即使如公司的品牌價值與企業形象，雖然不易量化，往往也是決策的重要考慮。

　　2. **在不同的決策選項間，必須具有差異性**：進行決策時，不同的行動方案必須能造成不同後果，否則就不具攸關性。

　　上述做法看來容易，但經理人在實際決策過程中，經常受到「非攸關」資訊影響，做下錯誤的決策。以下用幾個例子加以說明。

你會錯過帕華洛帝嗎？

　　請考慮以下的決策問題：

　　　2005年12月14日，世界三大男高音之一的帕華洛帝選定台中，作為全球告別演唱的最後一站。假設你預購了一張5,000元的門票，打算好好欣賞帕華洛帝的世界級演唱。一週後，你發現明華園歌仔戲團將在國家戲劇院演出，你也訂了一張800元的演出門票。到了演出當天，你赫然發現，兩場表演的時間竟然完全相同，但你來不及轉售其中任何一場表演的門票。在兩者擇一的選項中，你會前去欣賞哪一場表演呢？

　　即使是比較喜歡明華園歌仔戲的人，通常還是會選擇前去帕華洛帝的演唱會。因為他們覺得，沒去聽演唱會損失5,000元，沒

去看歌仔戲才損失800元。

　　純粹以財務的角度來看，這是錯誤的思考。因為門票費用早已支付，無法退回，是所謂的「沉沒成本」（sunk cost）。這種無法因選項不同而改變的已發生成本，屬於非攸關成本，不應該影響決策。但著名的芝加哥大學經濟學家泰勒博士（Richard Thaler）發表過一系列研究，說明人的決策很難擺脫「沉沒成本」的影響。對企業而言，沉沒成本的謬誤常引導經理人對錯誤的投資繼續加碼。因為他們認為，若不這麼做，過去投入的成本豈不白白浪費。事實上，已投入的資金就是沉沒成本，不該再影響決策。一個投資案的未來展望，才是應該影響決策的攸關資訊。

外包決策的攸關成本分析

　　企業的業務是否外包，是企業為了控制成本及解決產能不足的問題時經常須面對的決策。請思考以下範例。

　　假設全球液晶面板與電視大廠夏普（Sharp）每月生產中型面板50萬片，每單位生產成本為470美元。其中直接材料320美元、直接人工60美元、製造費用90美元（變動製造費用50美元＋固定製造費用40美元）。由於中型尺寸的液晶電視毛利率持續下滑，夏普考慮向外採購中型面板，打算將生產線全部轉為生產利潤較佳的大型面板。假設目前向台灣廠商採購中型面板的單位價格為450美元，而生產大型面板可增加5,000萬美元的邊際貢獻（銷售金額減去變動成本）。如果你是夏普的經理人，你

會決定繼續自行生產中型面板，還是改爲向台灣採購？

乍看之下，夏普自製的單位成本爲470美元（320＋60＋50＋40），比外購的單位成本450美元爲高，因此外購中型面板似乎比較明智。然而，這種思考方式忽略了攸關資訊。試比較兩種方案的攸關成本，見表10-2：

表10-2 外包決策的成本分析

項目（單位）成本項目	自行生產單位成本（美元）	外包生產單位成本（美元）	自行生產總成本（萬美元）	外包生產總成本（萬美元）	成本差異（自製－外包）（萬美元）
直接材料	320	0	16,000	0	16,000
直接人工	60	0	3,000	0	3,000
變動製造費用	50	0	2,500	0	2,500
固定製造費用（非攸關成本）	40	0	2,000	2,000	0
單位成本	470	450	只比較單位成本是不正確的！		
攸關單位成本	430	450	如果生產線有閒置產能，應該自行生產！		
總成本			23,500	24,500	−1,000
生產大型面板的邊際貢獻（機會成本）			5,000	0	5,000
總計攸關成本			28,500	24,500	4,000

不考慮機會成本，自行生產成本較低

還是應該外包

在前述的單位成本分析中，忽略了非攸關成本不該影響決策的問題。也就是說，單位固定成本的40美元，其實不該影響自製與外購決策，必須剔除。爲什麼？因爲固定成本在不同決策間都

是2,000萬美元，不具差異性，顯然是非攸關資訊。假設這項固定成本是夏普為控管生產所發生的資訊系統成本，不論是自製或外購，此生產線都必須固定分攤這筆2,000萬美元的成本。依此推論，自製的單位攸關成本應該為430美元（470－40），比外購的單位成本450美元來得低，顯然夏普應該選擇自製。

然而，上述決策還必須考慮一件事，亦即生產線生產大型面板的增額利益5,000萬美元，這屬於自行製造中型面板的機會成本，也屬於決策的攸關資訊。我們比較總攸關成本（見表10-2），發現自製成本（2.85億美元）高於外包成本（2.45億美元），所以夏普公司應該向外採購，而不是繼續自行製造中型面板。

總結來說，選擇外包而非選擇單位成本較低的自行生產，主要來自以下兩項資訊的影響：

- 固定製造費用（2,000萬美元）是非攸關資訊，在決策時應排除其影響。
- 生產大型面板的增額利益（5,000萬美元），是自製中型面板的機會成本，在決策時必須加以考慮。

SARS危機下的經營決策

2003年3月，台灣爆發SARS危機，整個社會陷入深度驚恐。除了人人聞SARS色變之外，醫院營運更是受到嚴重影響。同年5月12日，42年來服務從未間斷的台大醫院急診室，也因SARS病人發生群聚性院內感染，宣布關閉2個星期。SARS屬於高度傳染性

疾病，一旦醫院收容SARS病人，其他病人立刻望之卻步，醫院營業額勢必暴跌。請考慮以下案例。

以當時台北某區域醫院為例，原本單月營收為1,000萬元，總成本900萬元，利潤為100萬元。在總成本中，醫師與行政人員的基本底薪為225萬元（占總成本25%），醫師執行業務津貼為360萬元（與醫師創造的收入成正比，占總成本40%），藥品費180萬元（占總成本20%），其他費用（房租、設備折舊等）為135萬元（占總成本15%）。請考慮下面兩種選項：

1. 醫院不收容SARS病人：營收因普遍性恐慌而下降30%，成為700萬元。就成本部分來看，底薪仍維持225萬元，醫師執行業務津貼減少30%，成為252萬元；藥品費減少30%，為126萬元；其他費用固定不變，仍為135萬元。

2. 醫院收容SARS病人：營收暴跌為300萬元。就成本部分，底薪部分仍為225萬元，醫師執行業務津貼減少70%，成為108萬元；藥品費也減少70%，成為54萬元；其他固定費用仍為135萬元。

如果你是該醫院的院長，是否會收容SARS病人？

我們由表10-3發現，當SARS疫情爆發時，如果沒有政府補助，純粹由財務面考慮，醫院會選擇不收SARS病人（只會損失38萬元，而收容SARS病人將損失222萬元）。

表10-3 個案醫院簡單財務預測

狀況 項目	沒有SARS 一般狀況	SARS發生		
		不收SARS 病人 無政府補助	收SARS 病人 無政府補助	收SARS 病人 政府補助
營收	1,000	700	300	1,000
成本				
人事費				
基本薪資 （25%，固定成本）	225	225	225	225
醫師執行業務津貼 （40%，變動成本）	360	252	108	108
人事費小計	585	477	333	333
藥品費 （20%，變動成本）	180	126	54	54
其他固定費用 （15%）	135	135	135	135
總成本（100%）	900	738	522	522
盈利（虧損）	100	(38)	(222)	478

　　同年5月，衛生署頒布補助辦法，如果醫院願意收容SARS病人，將以前一年同期的健保給付金額作為基準，給予醫院補助。這時醫院該如何抉擇？對醫院來說，不收SARS病人，醫院將繼續面對38萬元的月虧損；如果願意接受SARS病人，政府則保證給予前一年同時期申報的1,000萬元月營收，可以享有478萬元的利潤，甚至比正常經營的利潤100萬元高（收入不變，醫師執行業務津貼與藥品費因看診量暴跌而大幅降低）。因此，醫院將轉而願意接受SARS病人。

　　這個案例並非筆者虛構。這是在2004年的台大EMBA管會課程中，由某位醫師同學分享的真實經驗。2003年3月，台大醫院SARS病患占全國的比例為79.5％；同年5月，衛生署的補助政策實施後，該比例迅速降到11.6％。這種情況顯示，不少醫院的價值觀與策略重心都以營利為取向，因此在SARS期間忽略了醫療「非財務面」的社會責任。雖然台大醫院並非以獲利能力與效率著稱，在SARS期間卻充分展現對醫療倫理的堅持與承諾，全力接受並治療SARS病患。決策不一定只關乎財務利益，台大醫院的「堅持承諾」，值得社會給予最高的尊敬與讚美。

反省短期決策的策略意涵

　　在思考產品是否應該外包的短期決策時，必須考慮攸關的製造成本與機會成本（請參考夏普公司範例）。但是，外包的決策還有更高層的策略思考。例如，哈佛商學院克里斯汀生教授認為，在產品生命週期的初期，應該由公司自行生產。因為當時產品功能仍不夠好，而產品功能的提升倚賴介面（零組件搭配結合處）良好的整合，自製比較能聚焦於提升產品性能。相較之下，外包會要求介面的標準化（代表設計自由度減少），這將限制工程師用最先進的技術來生產該產品。反過來說，當產品已趨成熟、各廠牌的功能都相差無幾時，設定清楚的介面標準，外包給專業廠商以大幅降低成本，在市場上才容易以價格優勢取勝。

　　此外，一個乍看不具重要性的決策，有時卻具關鍵性的策略意涵。例如，1981年IBM正式跨入個人電腦領域，後來同意讓微

軟可對IBM以外的第三者銷售作業系統。當時除了IBM之外，沒有所謂的第三者，表面上看來IBM並沒有任何攸關成本。但之後的事實證明，在個人電腦的軟、硬體規格都已具備的情況下，IBM的決策允許一群新的中小型公司進入市場，造成市場慘烈競爭，以及日後IBM在個人電腦業務血本無歸的結局。這種超乎預期的深遠影響，當時並不容易掌握，因此經理人必須不斷自問：「這個短期決策的可能長期策略意涵會是什麼？」

檢視長期投資決策的基本工具

以上建立在攸關成本或收益的決策分析，只考慮企業的短期財務影響。在許多實際的決策中，經濟的效果往往是長期的，稱之為**資本預算決策**（capital budgeting decision）。接下來，我以已故搖滾巨星「貓王」普雷斯利（Elvis Presley, 1935-1977）的投資價值為例，介紹幾個管理會計常用的投資決策工具。

席勒曼（Robert Sillerman）是美國媒體娛樂事業相當另類的投資人。他常收購一些看起來沒有價值的媒體公司，重新包裝組合再高價出售。2005年，席勒曼看上經營逐漸走下坡的貓王公司（Elvis Presley Enterprises），他出價1.14億美元，向貓王之女購買貓王公司85％的股權，以及其他相關資產90年的租賃權（貓王的650首歌曲、24部電影版權、故居經營權、姓名、肖像與商標等）。

姑且不論各位是否為貓王的歌迷，若純粹由投資的角度來看，這項有趣的交易到底值不值得？在管理會計中，有兩大類投資評估的方式：若不考慮貨幣時間價值（time value of money），

以**回收期間法**（payback method）最爲常見；若考慮貨幣時間價值時，則以**淨現値法**（Net Present Value，簡稱NPV）以及**内部報酬率法**（Internal Rate of Return，簡稱IRR）較爲常用。以下就用這三種工具來評估這個投資案。

回收期間法

顧名思義，這種方法就是考慮投資計畫回收其原始投資成本所需的時間。計算方式如下：

$$回收期間 = \frac{期初投入資金}{預估每年現金流量}$$

以本例而言，期初投入資金就是席勒曼買下貓王公司付出的1.14億美元。至於未來每年現金流量有多少，就必須估計。以貓王公司在全盛期5年間賺進4千萬美元來估計，在最樂觀的情況下，未來每年約有8百萬美元淨現金流入，則回收期間爲14.25年（1.14億÷0.08億）。這表示即使在樂觀的假設下，還需要14.25年才能回收成本。回收期間愈長，風險自然愈高。投資人能自行設定可接受的最長還本期間（如10年），來決定是否接受這個投資案。

淨現値法

第一種考慮折現貨幣時間價值的評估方式爲淨現値法，其計算方式如下：

淨現值＝折現後現金流量的加總值－投資成本

當淨現值大於0時，表示此計畫有利可圖，值得採行；否則不應投資。

為何進行折現？因為未來的錢比較不值錢。舉例來說，如果你在銀行存10萬元，一年期的定存利率是5%，則一年後總共可拿到10.5萬元。反過來說，一年後的10.5萬元，在今天的價值正好是10萬元（10.5÷1.05），這種以投資報酬率來降低未來現金價值的過程就是「折現」（discounting）。

在貓王公司的例子中，投資成本為1.14億美元，假設未來現金流量為每年8百萬美元。雖然法定契約時間長達90年，但我們預估能產生經濟價值的時間只有30年，另假定以投資報酬率5%來折現。淨現值的計算方式如下：

$$\underset{\substack{\text{淨現值}}}{\underset{\substack{8.98\\(\text{百萬})}}{}} = \underset{\substack{\text{折現後現金流量的加總值}}}{\frac{8}{(1+5\%)} + \frac{8}{(1+5\%)^2} + \cdots\cdots + \frac{8}{(1+5\%)^{29}} + \frac{8}{(1+5\%)^{30}}} - \underset{\substack{\text{投資}\\\text{成本}}}{\underset{\substack{114\\(\text{百萬})}}{}}$$

由於淨現值為898萬美元，遠大於0，表示此投資案可以接受。

內部報酬率法

內部報酬率法幫助我們求取投資案的報酬率，計算式如下：

投入資本＝未來各期現金流量的折現值加總

能讓上述關係式成立的折現率，即為公司的內部報酬率。如果內部報酬率高於資金成本，便值得投資；否則就沒有投資價值。在貓王公司的例子中，我們維持相同的假設，亦即：

$$114 = \frac{8}{(1+r)} + \frac{8}{(1+r)^2} + \cdots\cdots + \frac{8}{(1+r)^{29}} + \frac{8}{(1+r)^{30}}$$

在上述等式成立時，內部報酬率r＝6%（可利用財務計算機求解）。如果我們取得資金的成本低於6%，則這個投資方案值得採行。

精明的席勒曼看來不只是評估回收期間與淨現值而已，他在購買貓王公司的相關權利之前，已先成立一家名為CKX的公司，也買下一個當紅的新秀選拔節目「美國偶像」（American Idol）。接下來，他將利用已故偶像歌手的名氣來製作電視節目，創造一個更有價值的新媒體組合。之後，席勒曼打算重施故技，用數倍於成本的價格賣出這個新媒體。他的如意算盤能否成功，我們拭目以待。

投資案評估的敏感性分析

在評估投資方案時，所有的資訊都可能瞬息萬變。以淨現值法來看，用來折現用的報酬率其實包含**風險溢酬**（risk premium，因承擔風險所要求的額外報酬）。當投資風險升高，此折現率就必須隨之提高。例如，原本範例中的折現率是5%，可產生正的淨現值。但是民眾對貓王的喜好可能變動很大，保守的投資人可能要

把折現率提高至7%（或更高）以反映風險，則此時淨現值將變成負值（－1,473萬美元），而此投資方案將失去投資價值。

此外，範例原本假設每年現金流量為8百萬美元，若後來發現只有6百萬美元，則淨現值也會變成負值（－2,177萬美元），使投資案失去價值。因此，對於投資方案的評估，必須針對各項預估數字考量未來可能的變動，事先評估該變動對投資價值的影響，我們稱之為**敏感性分析**（sensitivity analysis）。

發展新藥與實質選擇權

老年化社會是人口結構的未來發展趨勢，它造成慢性病用藥成本的增加，也造就藥廠龐大的商機。上述三種傳統的投資案評估方法，都假設投資活動中途不停止、不擴充與不縮減。實際上，藥廠會因應市場、法令與其他外在條件的變化，調整投資計畫與生產規模。此時，我們可藉助**實質選擇權理論**（real option theory）的觀念。實質選擇權理論強調，必須將投資決策其不確定性衍生的選擇機會與決策彈性予以評價。舉例來說，當藥廠開發出一種新藥時，初期不會馬上大量生產，而是等到市場反應熱絡才擴大生產。關於這種調整產量的彈性，傳統的淨現值法並沒有考慮；然而，透過實質選擇權理論，就可估算這種生產彈性的潛在價值。因此，傳統淨現值小於0（NPV＜0）的計畫只是表示「目前」不可行；如果加入實質選擇權價值，修正後NPV＝傳統NPV＋選擇權價值，將可能大於0，則該計畫未來仍有被採行的可能。因此，我們稱傳統的NPV為「靜態NPV」，加入實質選擇權修

正後的NPV，則可視爲「動態NPV」。至於實質選擇權的價值該如何評估，涉及較複雜的數學運算（Amram and Kulatilaka, 1999），故不在此詳細說明。

1990年代，美國大企業中唯一的女性財務長雷溫特（Judy Lewent）是應用實質選擇權的高手。當時，她一手掌控默克藥廠（Merck）財務部共500人的專業團隊。雷溫特曾說：「成功的途徑就是在風險中投入更多的錢。」這句話充分表明製藥廠經營的高風險特色。整個新藥開發的過程充滿不確定性，依據默克的經驗，只有30％不到的成功機率。此外，新藥開發與投資過程往往分爲好幾個階段，如研發、臨床試驗、查驗登記、後續監測等。

這種分階段投入的新藥開發程序，正是製藥業與其他產業的最大差異。傳統的資本預算決策無法捕捉分階段投資的產業特性，雷溫特就任默克財務長後，積極採用實質選擇權理論來評估各項新藥的開發投資決策。例如，針對代號爲迦瑪（Gamma）的計畫，默克希望藉購併來取得屬於某家小廠的關鍵技術。購併的條件爲：如果3年內新藥研發成功，則必須支付2百萬美元。但當默克對新藥研發的進度不滿意時，可隨時終止購併契約。如果依照傳統資本預算評估方式，實在難以評估這種可隨時終止的投資計畫。雷溫特採用實質選擇權理論進行評估，發現此投資決策的價值遠高於必需投入的成本，因此默克立即同意投資。實質選擇權理論的適用範圍絕不局限於製藥業，它是資本預算決策中有用的新工具。

「黃昏清兵衛」的決策

　　日本知名導演山田洋次的作品《黃昏清兵衛》，勇奪2003年日本奧斯卡最佳影片等11項大獎，也榮獲美國奧斯卡最佳外語片提名，是一部描繪日本武士面臨窮途末路的精彩好片。

　　清兵衛（真田廣之飾）是日本德川幕府晚期的低階武士。雖然他的劍術傑出，但鋒芒早被生活的重擔磨平。他的妻子久病後過世，為了舉辦一個體面的葬禮，他花光了他的積蓄，連武士視之如命的長配刀都賣了。顧家的清兵衛總在工作結束的黃昏時分，趕著回家照顧小孩，無法與同僚上酒館應酬喝酒，因此被同事們戲稱為「黃昏清兵衛」。

　　當時封建諸侯內部屢見權力鬥爭，諸侯經常利用武士作為狙殺對手的工具。清兵衛精湛的劍術傳到了藩主耳裡，於是他被迫執行一次狙殺敵方高手的危險任務。清兵衛本來預期，一旦進入敵方武士藏身的房屋內，就是一場激烈的生死搏鬥。出乎意料的是，武士邀請清兵衛坐下，感性地描述他的窘境。武士向清兵衛表示，他自恃劍術卓越，高傲待人、好酒貪杯，使得於他在每個藩主旗下都惹出是非，因而無法久留。他的妻子、女兒隨著他四處漂泊、居無定所，有時甚至三餐不繼，最後一個個在飢寒交迫下染病、過世。他隨身攜帶女兒的骨灰，孑然一身，只想退隱山林，並不想決一死戰。他請求清兵衛放他一馬，製造假打鬥，讓他可在混亂中逃走。

　　同樣是沒落武士的清兵衛深受感動，也聊起自己的窘迫生

活，甚至掀出自己的底牌。清兵衛告知對手，他的長刀已經變賣，他只好硬著頭皮靠著剩下的一把短刀，來執行這次狙殺任務。清兵衛同意武士的要求，讓這次的任務以武士逃亡、清兵衛順利加薪落幕。但武士突然激動起來：「用這麼一把短刀，你就想來殺死我！眞是太瞧不起人了！」武士覺得自己被嚴重侮辱，他推翻之前達成的雙贏策略，與清兵衛展開一場殊死戰。最後清兵衛還是殺死了武士，因爲他所屬流派的武術特色是近身搏鬥。在屋內狹小空間中廝殺，清兵衛擁有致勝的「競爭優勢」。

這個故事提供幾個有趣的思考點：

● 決策的後果往往必須依賴對手的策略性選擇（strategic choice），而不僅是自己的正確抉擇。

● 決策的結果可能是雙贏，也可能是兩敗俱傷。決策者的智慧是找到與對手策略性合作的可能，這往往需要彼此讓步及建立互信。

● 敵方武士因爲自傲（pride），捨棄原來的雙贏策略，走向毀滅。由此可見，勿讓負面情緒影響正確的決策，是經理人相當重要的修養。

小心「有限度理性」的陷阱

儘管已經年過70歲，葛洛夫看來仍舊精力旺盛。但他知道，癌症沒有「治癒」這回事。他必須展現執行力之處，不只是接受治療而已，還包括持續過著健康的生活（大量攝取蔬菜水果等）、

定期接受PSA追蹤檢查等。我一直很好奇，葛洛夫當初選擇放射性治療是不是真的比較「正確」。我詢問台大醫院一位泌尿科名醫的意見，他表示，葛洛夫整理出的圖10-1資訊，只代表少量樣本的結果。雖然葛搭夫的分析資料看來支持放射性療法的優越性，但截至目前為止，累積的醫學證據顯示這兩種療法「一樣好」。隔行如隔山，即使葛洛夫遍訪名醫，自己也勤做功課，他終究無法在短期內深入醫學的深奧細節。不過，他的決策方法（探索、選擇、執行與回饋）絕對值得效法。葛洛夫退休後反省自己過去的決策時，發現經理人的層級愈高，面對的選項愈模糊，就愈無法清楚判斷哪一個選項是「對」的（機會可能各半）。這時經理人的任務重點往往不是選擇「對」的選項，而是透過執行力，讓自己選擇的選項變成「對」的。

在性命交關之際能像葛洛夫堅持理性決策，這樣的人其實相當少見。2002年，諾貝爾經濟學獎頒給普林斯頓大學心理系的卡尼曼教授（Daniel Kahneman），表揚他把認知心理學用於經濟決策上的貢獻。根據卡尼曼及許多心理學家的研究，人的選擇只能算得上是「有限度的理性」（bounded rationality）。人的決策方式存在許多潛在陷阱，除了本章討論的「沉沒成本」謬誤外，人還有「維持現狀」的謬誤（選項愈多，選擇現狀的惰性愈強）、「認同性證據」的陷阱（先入為主，只吸收自己想相信的資訊，忽略了反證）等缺失，因此經理人在進行決策時不得不慎。

此外，許多創業家及高階經理人也發現，有時決策依靠「直覺」，而不完全依靠理性分析或客觀數據。20世紀最著名的經濟學家凱因斯（Keynes, 1883-1946），也常以「野獸精神」（animal spirit）來形容企業家投資時憑藉的勇氣與直覺。如何有效地應用直覺，已經超過本書的討論範圍。但認知心理學大師賽門（Herbert Simon, 1916-2001；也是1978年諾貝爾經濟學獎得主）的研究顯示，直覺通常建立在過去長期深刻的經驗（西洋棋、投資皆如此），並不是憑空而來。因此，善用本章提到的思考邏輯來進行決策、累積大量經驗，也是一種培養良好直覺的有效方法。

參考資料

- Peter Drucker, "The Effective Decision," *Harvard Business Review*, Jan-Feb 1967.

- R. H. Thaler, "Toward a Positive Theory of Consumer Choice," *Journal of Economic Behavior and Organization*, 1, 39-60, 1980.

- Nancy Nichols, "Scientific Management at Merck: An Interview with CFO Judy Lewent," *Harvard Business Review*, Jan-Feb 1994.

- Andy Grove, "Taking on Prostate Cancer," *Fortune*, May 13, 1996.

- Martha Amram and Nalin Kulatilaka, *Real Options: Managing Strategic Investment in an Uncertain World*, Oxford University Press, 1998.

- David Garvin and Michael Roberto, "What You Don't Know About Making Decision," *Harvard Business Review*, Sep 2001.

- Andy Serwer, "The Man Who Bought Elvis," *Fortune*, December 12, 2005.

- 行政院衛生署疾病管制局，《台灣嚴重急性呼吸道症候群SARS防疫專刊》，二版。台北：行政院衛生署疾病管制局。2003。

- 蒲永孝，《男人的定時炸彈：前列腺》。台北：董氏基金會。2003。

11 優化財務才有生命力
——投資報酬率與資源分配

Production

2004年6月11日
邦加羅爾Wipro總部／印度

| Date | Day/Night | Sync/Mute |

剛被美國《富比士》雜誌評選為全球富人榜的第58名，62歲的普瑞吉（Azim Premji）開著那車齡7年的福特汽車去參加Wipro股東大會。在大會上，普瑞吉以董事長的身分宣布：「去年Wipro

的營收正式突破10億美元，這是個里程碑，讓我們為保羅（Vivek Paul）領導的經營團隊喝采！」46歲，皮膚黝黑、身材壯碩的保羅，站起身向歡聲雷動的股東們揮手致意。1999年，才40歲出頭的保羅擔任奇異全球醫療系統的總經理，是奇異的明星經理人。有一天，他突然告訴他的老闆伊梅特他要辭職回印度，擔任一家年營業額只有1億5千萬美元、名不見經傳的軟體公司執行長。伊梅特大感意外，並竭力阻止。5年後，伊梅特被威爾許（Jack Welch）提拔，成為奇異新任執行長，而保羅也在故鄉的舞台上大放光芒。在保羅的領導下，Wipro的營收成長接近10倍，成為全球前10大的上市資訊服務公司。

　　保羅喜歡分享他的「叢林經驗」：「我最寶貴的一堂課，是在印度邦加羅爾（Bangalore）科學園區附近的大象訓練營裡學到的。」多年前，他造訪這個設備原始的營區時，看到成群的龐然大物被拴在一個個小的樹樁上。他好奇地問馴獸師：「大象明明可以輕易地把整個樹樁拔起，為什麼安安分分地待在那兒呢？」馴獸師如此解釋：「這些大象從小就被拴在樹樁上。小時候，牠們的確會設法拔起樹樁，但是體型還小，用盡全力也動搖不了樹樁。有了這種早期經驗，成年後的大象再也不會去挑戰樹樁。」保羅深感震撼，原來人最大的限制其實就是自己的心態。因此，當普瑞吉挑戰他：「你是打算在紐約再蓋一座摩天大樓呢？還是回到印度創造一個全新的局面？」保羅選擇了後者。保羅常帶著Wipro的經營團隊參觀大象訓練營，他要工作夥伴捨棄那種低估自己的心態，勇敢地與IBM及Accenture這種大型國際資訊服務公司一較長短。

　　Wipro只是印度經濟崛起的一個例子。印度的軟體業產值目前全球排名第2，僅次於美國。印度軟體業領袖米塔（Dewang Mehta，已故）曾詮釋IT產業對印度的重要性：「IT不但是India Today，更是India Tomorrow。」印度軟體外包產業的核心競爭優勢是專精於模組設計的技術。他們不但能根據客戶要求，高效率地設計軟體，更善於利用時差的優勢，讓美國客戶在下班時將訂購單傳送至印度，而印度的軟體工程師在隔日早上便能將成品送給客戶。這種近乎全球接力賽的軟體撰寫模式，使得印度軟體外包業務融入全球軟體開發、銷售與應用的價值鏈中。

　　除了 Wipro之外，1981年在印度設立的Infosys公司，也是資

圖11-1　Wipro及Infosys的市場價值變化

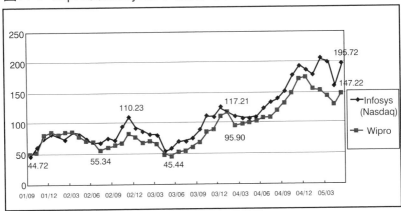

單位：億美元

訊服務業的佼佼者。1999年，Infosys在美國那斯達克交易所正式
掛牌上市；2004年，其營收已超過10億美元。連微軟目前都將部
分軟體編寫、測試等高階作業外包給Infosys。Wipro及Infosys在軟
體產業的卓越表現，反映在各種財務數據上。首先，Wipro與
Infosys的市場價值呈現長期向上攀升的趨勢（自2001年9月到2005
年5月），目前分別約為147億美元及196億美元（見圖11-1）。

　　另外，我們可由圖11-2與11-3看出，支持Wipro與Infosys市值
增加的基本動力，來自於營收、淨利的優質成長（詳細討論詳見
拙作《財報就像一本故事書》，時報出版）。

　　除了以營收、獲利來表達企業的成長動能，衡量企業整體營
運績效最常用的指標，就是**股東權益報酬率**（Return on Equity，
簡稱ROE）。它的定義是淨利除以股東權益，代表股東每投入1元
的資金能為股東創造多少獲利。由第二二六頁的圖11-4可看出，

圖11-2 & 11-3　Wipro及Infosys年營收、淨利成長趨勢

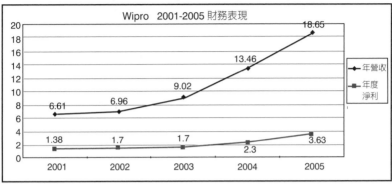

單位：億美元

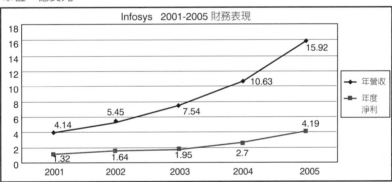

單位：億美元

註：Wipro及Infosys營運活動的現金流量（cash from operating activities）和淨利
　　同步上升十分相近，這是健康財務體質的表現，但圖中無法區分，因此不予
　　繪出。

印度軟體雙雄的股東權益報酬率都高達20％以上，而Infosys又明
顯地優於Wipro。不過，印度軟體業沒有自有品牌，也必須面對東
歐（例如匈牙利）的低價攻勢。下頁圖11-4顯示Wipro及Infosys股
東權益報酬率出現下降趨勢，因此兩者皆須小心因應未來的競爭
壓力。

圖11-4　Infosys及Wipro 的股東權益報酬率

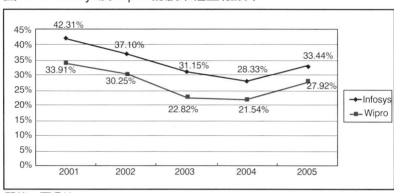

單位：百分比

＊

　　本書的「招式篇」在於介紹協助企業成功的「金字塔九大絕招」。對企業而言，傾聽顧客需求、練就紮實基本功、創造卓越流程等三個階層的活動，最終目標就是創造優質的財務績效。企業的最基本要求是賺錢，其次為追求持續性成長。本章首先以宏碁為例，說明其企業策略的改變是否成功，最後還是必須回歸市場價值與財報數字的檢驗。其次，企業整體的成功，建立在個別部門的經營成果，因此本章也將介紹激勵部門經理人發揮競爭力的重要管理工具。

宏碁轉型：策略與財務報表的結合

　　2000年12月26日，宏碁集團正式對外宣布企業重大轉型計畫。這項計畫包括兩個重點：（1）精簡非核心事業；（2）專注於本業經營。從宏碁的財務報表中，我們可看出策略轉型的軌

跡。例如，宏碁長期投資（非本業的轉投資）占總資產比例，由2000年的29.87％，降到2005年6月底的14.08％；投資淨利占集團整體合併淨利的比例，也由2001年59.13％的高點，降到2005年6月底的5.63％。也就是說，宏碁的盈虧不再取決於轉投資事業的績效。宏碁精簡非核心事業的重點，便是將半導體和網路事業逐步出清（連賺錢的公司也不例外）。其中最引人注目的，當屬出售集團中號稱業界模範生的國碁電子。2000年，國碁電子是《天下》雜誌台灣1000大製造業的第103名，營收近百億，獲利豐厚。但宏碁為專注於本業經營，在2004年仍將國碁賣給鴻海，使其成為鴻海旗下網通事業部門的主力。

至於專注本業經營的重點，是讓宏碁的自有品牌和代工分家，避免和客戶存在競爭關係。2002年3月27日，宏碁集團以宏碁科技為主體，再併入宏碁電腦的品牌營運事業，正式轉型成以行銷服務為主、製造功能全部外包的新宏碁公司。事實上，早在同年2月28日，新宏碁的研發製造服務事業部就已經獨立出來，成立專業設計代工公司——緯創資通。為了使緯創資通不再是子公司的一員，宏碁在2002年的年底，將手中緯創資通的100％持股迅速降到50％以下。

宏碁的轉型，顯然獲得資本市場的高度認同。宏碁的市場價值從2000年12月的663.01億元，經歷2001年9月508.09億的低點，以及2002年3月1,958.21億元的高點，在2005年11月底重新回到2,153.04億元的榮景（下頁圖11-5）。

2005年7月，美國《時代》（*Time*）雜誌將宏碁評為年度品牌，這份榮譽實在得之不易。當初宏碁集團曾面臨宏碁、明碁品

圖11-5 宏碁總市價趨勢圖

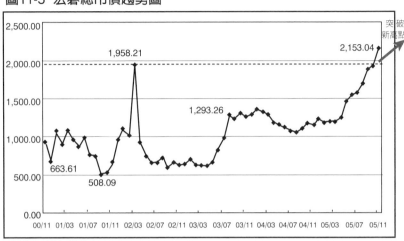

單位：新台幣億元

註：明碁電通的市值不包含在內。2002年2月底，宏碁電腦從研發部門分割成立
緯創資通。

牌共用的衝突。在明碁改用BenQ品牌之前，明碁產品用的是Acer
品牌，公司名稱則是Acer CM（Communication and Multimedia）。
一開始，宏碁規模較大，明碁必須借重宏碁的力量進行銷售。隨
著宏碁、明碁逐漸發展個別品牌，以及明碁的製造規模開始超越
宏碁時，雙方都感覺到，共用品牌反而無法找到自己的品牌定
位。爲了解決共用品牌的問題，2001年12月，明碁正式對外宣布
自創品牌BenQ，公司英文名稱也由Acer CM變更爲BenQ
Corporation。

　　由宏碁的例子我們可看出，任何企業策略的重大改變，都能在
財務上檢視它的軌跡（如轉投資金額、獲利的改變）；而策略改變
的成果，也必須通過營收、獲利與市場價值是否隨之改善的考驗。

在財報中找尋優質成長

　　企業的競爭力最終會表現在財務報表上。一個好公司的發展，必須建立在「成長力」、「控制力」與「貫徹力」三者協調創造的優質成長上。營收成長代表企業具有「成長力」，能不斷在新產品、新市場、新顧客的領域攻城掠地。營收不能成長、只靠成本控制擠壓出獲利的企業，會變得沉悶、沒有生機，並且會流失優秀人才。如果營收成長，獲利不成長，甚至負成長，代表企業在追求成長的過程中失去對成本的控制能力，甚至陷入「為了成長而成長」的謬誤。獲利成長代表企業具有「控制力」，能在營收成長的同時，控制成本的增加。然而，如果企業營收及獲利都有成長，但營運活動流入的現金（cash from operating activities）持續萎縮，甚至成為現金淨流出，這就是劣質成長的警訊。營運活動現金流量的成長，代表企業具有「貫徹力」，因為收回現金是一切商業活動的最後考驗。沒有現金，就沒有企業存活的空間。

財務指標是分權制度的關鍵

　　企業的財報顯示企業整體的營運成果。但要改善企業的財務績效，必須靠各個部門營運績效的提升。

　　由於企業經營在產品別、顧客別、地區別都日趨複雜，分權化管理（decentralization）是無法抵擋的趨勢。通用汽車前董事長史隆曾清楚點出分權化管理的關鍵：「分權制度最重要的關鍵是

建立財務指標。如果有辦法檢查和判斷作業的效率，我們就能放心地把這些作業留給負責執行的經理人。至於投資報酬率，就是衡量各部門作業績效最重要、也最有效的手段。」何謂投資報酬率？為什麼投資報酬率能達到分權管理的目標？以下我用美國著名的全食市場（Whole Foods Market）為例，來進一步說明。

對鴨子也慈悲的企業

2003年3月31日，全食市場（全世界最大的有機食品連鎖超市）執行長馬凱（John Mackey）在股東大會中報告公司業績和未來遠景。動物保護團體Viva的負責人歐莫拉斯（Lauren Omelas）不客氣地打斷馬凱：「你知道陳列在全食市場架上的鴨子，被宰殺前過著什麼樣的生活嗎？」不等馬凱回答，歐莫拉斯站起來慷慨陳詞，痛批美國養鴨業者在鴨子養殖過程中的種種不人道行為。經過數度制止歐莫拉斯發言無效後，馬凱臉色鐵青地宣布休會。因為這個事件，全食市場的股東大會充滿了濃厚的火藥味。

過了幾天，在不悅的情緒消退後，馬凱開始思考歐莫拉斯的指控：「若一個人如此強烈地相信某些事，應該是有理由的！」他開始大量閱讀養殖鴨子與其他家禽、家畜的資料。在深入了解養殖產業後，馬凱大為震驚，他寫了一封電子郵件給歐莫拉斯：「妳對鴨子的看法是對的。其實，妳的論點也適用於雞、豬、牛等動物。我會運用全食市場的採購力量，努力消除這種不人道的行為。請就妳的專業來協助我們！」不久後，全食市場便對供應商提出下列「養鴨慈悲條款」：

- 鴨子必須能接觸戶外陽光及新鮮空氣，不是全程圈養。
- 鴨子必須能在水池游泳，而水池的清澈度及深度必須合乎規範。
- 鴨子必須能在天然環境下覓食，不是只在飼料區進食。

有關雞、牛、羊等動物的「慈悲」養殖規範，未來也將陸續執行。這些新增的要求將增加多少養殖成本，目前還很難估計。不過，不要以為馬凱為了慈善理念便犧牲商業利益。自1978年於德州奧斯汀創立以來，全食市場的營業額由1991年的9千3百萬美元，成長到2005年的47億美元；獲利由1991年的160萬美元，成長到1億3千萬美元。全食市場目前已是美國《財富》500大企業之一。

全食市場的管理基礎在於各類食品（例如生鮮及調理食品）由小型團隊掌控。這些團隊和經理人充分溝通後，可以自由決定進貨，並擁有聘用員工的決定權。全食市場強調高度的財務透明化，團隊成員能取得店內的完整財務資料，包括最敏感的個人薪資。全食市場沒有超級明星，主管薪資不能超過員工平均薪資的14倍，而94％的股票選擇權（stock option）全部發給員工，因為馬凱的理想是創造一個「協同一致為眾人創造價值的社群」以及「一個以愛而非恐懼為基礎的組織」。到目前為止，「慈悲」的成果不壞，全食市場厚待員工，也讓他們努力創造公司利益。全食市場的市值從1992年1月的3千3百萬美元，成長到2006年3月的86億7千萬美元。

全食市場分店績效評估
——投資報酬率

別以為全食市場只有「慈悲」，其實它很重視分店的績效管理。全食市場目前在英國共有7間分店，但究竟哪間分店為公司創造最大的投資回收效益？在管理會計中，最常用的方法是計算各分店的**投資報酬率**（Return on Investment，簡稱ROI）。投資報酬率的概念很簡單，亦即部門獲利（如單店獲利）除以原始投資金額的比例。

$$投資報酬率 = \frac{投資收益（Income）}{投入資本（Invested Capital）}$$

假設全食市場在英國肯頓（Camden）、布里斯托（Bristol）、諾丁丘（Notting Hill）三間分店的虛擬財務資訊如表11-1：

表11-1

單位：英鎊	肯頓分店	布里斯托分店	諾丁丘分店
營業利益	2,500,000	3,600,000	6,500,000
單店總資產帳面值	20,000,000	18,000,000	45,000,000
銷貨收入	60,000,000	40,000,000	135,000,000

如果以單店獲利而言，諾丁丘分店獲利最高（650萬英鎊），但是績效未必最好，因為公司投入的資本最多（4,500萬英鎊）。

關於計算投資報酬率分子項的「投資收益」，我們通常使用分店的營業利益數字（net operating income，收入減去進貨成本及管

銷費用，尚未扣除利息與稅金）。至於衡量「投入資本」的最簡單
方式，就是使用分店帳面資產價值，包括現金、存貨、應收款、
賣場設備等。因此，三間分店的投資報酬率計算如下：

表11-2

單位：英磅	營業利益	÷	單店總資產帳面值	=	ROI
肯頓分店	2,500,000	÷	20,000,000	=	12.5%
布里斯托分店	3,600,000	÷	18,000,000	=	20%
諾丁丘分店	6,500,000	÷	45,000,000	=	14.44%

由於選用分店帳面資產值作為計算投資報酬率的分母，所以
這個比率又可稱為**資產報酬率**（Return on Assets，簡稱ROA）。有
趣的是，投資報酬率可被拆解成兩個部分：（1）銷售利潤率
（sales margin）；（2）資產週轉率（assets turnover）。這個分析方
法在1920年代由杜邦公司所發展，因此又稱為杜邦方程式（Dupont
Analysis），它能協助經理人深入檢視各分店績效表現優劣的原因。

上述的投資報酬率可拆解如下：

$$\text{投資報酬率（ROI、ROA）} = \frac{\text{投資收益}}{\text{資產總額}} = \frac{\text{投資收益}}{\text{銷售金額}} \times \frac{\text{銷售金額}}{\text{資產總額}}$$

銷售利潤率×資產週轉率

計算投資報酬率之後，我們看出布里斯托分店的績效最佳
（表11-2，ROI為20%）。由表11-3進一步的資訊看出，這是因為它
有9%的高銷售利潤率（銷售高利潤的商品組合），其資產週轉率

表11-3

	銷售利潤率	×	資產週轉率	=	ROI
肯頓分店	$\dfrac{2,500,000}{60,000,000}$ （≒4.17%）	×	$\dfrac{60,000,000}{20,000,000}$ （=3）	=	12.5%
布里斯托分店	$\dfrac{3,600,000}{40,000,000}$ （=9%）	×	$\dfrac{40,000,000}{18,000,000}$ （=2.22）	=	20%
諾丁丘分店	$\dfrac{6,500,000}{135,000,000}$ （≒4.81%）	×	$\dfrac{135,000,000}{45,000,000}$ （=3）	=	14.44%

（2.22倍）卻不如其他兩間分店（創造營收的力道稍弱）。肯頓分店的績效相對最差，問題在於它的銷售利潤率最低（4.17%）。總獲利金額最高的諾丁丘分店，投資報酬率則是排名第2。全食市場的總管理處可依據以上資料，進行後續的人員獎勵、經營管理改善分析、分店資源配置等決策。

　　本書第五章介紹的差異分析，是一種「加減展開」（把總差異分解成次級差異金額的加總數）的思考方法，而投資報酬率則代表管理會計另一種「乘除抵銷」（銷售金額在銷售利潤率及資產週轉率相乘時互相抵銷）的方法。活用此法，就可創造許多衡量指標。例如，研發活動的投資報酬率就可拆解成「新專利的獲利性」和「研發投資所創造的專利產出」，如以下公式：

$$\frac{新產品的獲利}{研發投資金額}=\frac{新產品的獲利}{新產品的專利數}\times\frac{新產品的專利數}{研發投資金額}$$

$$=平均每專利的獲利性\times每單位研發投資所創造的專利產出$$

　　但是，利用投資報酬率作為績效評估的工具，也可能產生副

作用。當子公司或業務部門以減少分母（*處分資產*）的方式來提升投資報酬率時，可能使公司變得不願投資，進而錯失許多有價值的成長機會。

以「剩餘所得」來協調目標衝突

雖然投資報酬率的觀念簡單、好用，它卻可能造成經理人與股東目標不一致。假設布里斯托分店經理必須考慮是否投資800萬英鎊，引進一種新的生鮮食品，但這個新食品投資案只能帶來15％（即120萬英鎊）的投資報酬率。如果接受此案，布里斯托分店的投資報酬率會變成：

$$新投資報酬率 = \frac{(3{,}600{,}000+1{,}200{,}000)}{(18{,}000{,}000+8{,}000{,}000)} = 18.46\% < 20\%$$

原投資報酬率

如果投資報酬率是評量分店經理唯一的績效指標，在自利動機驅使下，布里斯托分店經理可能不願接受這個使績效下降的投資案。若全食市場的資金成本僅有10％，那麼布里斯托分店經理拒絕新投資案的決策，將使公司（股東）產生5％的機會成本損失。

剩餘所得（residual income）可彌補投資報酬率的缺陷。史隆早就點出剩餘所得的精髓：「通用汽車的經營目的，並不僅是獲得短期的報酬率，而是運用資本產生至少能超過市場正常報酬率的經營成果。」換句話說，剩餘所得就是扣除資金的機會成本後，企業所賺得的利潤。

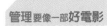

剩餘所得＝營業利益－資金機會成本
　　　　＝營業利益－（預期資本必要報酬率×投入資本）

因此，計算三家分店的剩餘所得見表11-4。

表11-4

	營業利益	－	（預期資本必要報酬率 ×投入資本）	＝	剩餘所得
肯頓分店	2,500,000	－	（10%×20,000,000）	＝	500,000
布里斯托分店	3,600,000	－	（10%×18,000,000）	＝	1,800,000
諾丁丘分店	6,500,000	－	（10%×45,000,000）	＝	2,000,000

　　如果評估分店績效的方式，不使用投資報酬率而採用剩餘所
得，前述布里斯托分店經理的投資行為是否會改變？

由於剩餘所得由原來的180萬英鎊增加到220萬英鎊，布里斯托
分店經理將會欣然接受這項新投資案，這也符合股東的利益，達到
經理人與股東目標的一致性。

經濟附加價值分析的優越性

事實上，全食市場分店績效的評估，採用的分析方法是所謂的**經濟附加價值**（Economic Value Added，簡稱EVA®）。EVA®是剩餘所得觀念的延伸，但是定義更為清晰、嚴格。EVA®的計算式如下：

> EVA®＝稅後營業利益－投入資本的機會成本
> 　　　＝稅後營業利益－〔（總資產帳面值－總流動負債帳面值）
> 　　　　　×加權平均資金成本率〕

EVA®和剩餘所得有幾點不同：

- 以稅後淨利取代營業利益作為獲利的衡量。
- 投入資本不包含流動負債。流動負債不需支付利息，所以不計算資金成本。
- 採用加權平均資金成本率（weighted-average cost of capital，簡稱WACC）來計算機會成本。也就是將權益資本（equity）及借貸資本（borrowing）分別加權，以計算公司資金的機會成本（稍後進一步說明）。
- 為彌補財務會計衡量績效的缺陷，EVA®會針對會計報表的數字進行調整。

我們可利用下頁表11-5與11-6的資訊，計算全食市場三家分店

表11-5 &11-6 全食市場及其英國分店的虛擬財務資料

全食市場公司總負債市場價值	40億英鎊
全食市場公司總股東權益市場價值	60億英鎊
市場平均借款利率	9%
預期權益資本要求報酬率	12%
公司稅率	30%

單位：英磅	肯頓分店	布里斯托分店	諾丁丘分店
營業利益	2,500,000	3,600,000	6,500,000
單店總資產帳面值	20,000,000	18,000,000	45,000,000
單店總流動負債帳面值	400,000	1,000,000	600,000

的EVA®。首先說明何謂加權平均資金成本率。企業的資金來源分為借貸資本與權益資本。借貸資本是向金融機構或資本市場借貸而來的資本，其資金成本就是借款利息，而借款利息屬於企業費用的一種，在計算課稅所得時可以扣除，能帶來節稅效果。例如，全食市場借款的利息成本是9%，在30%稅率的假設下，借款的稅後資金成本因節稅效果影響，其實只有6.3%〔9%×（1－30%）〕。權益資本則是在公開或私募市場中，向股東募集來的資金，其資金成本包括支付現金股利等。因為股東是公司的所有人，股利是盈餘分配，不屬於費用，故不能帶來節稅效果。此外，當投資標的隱含的風險愈高，那麼理性的投資人會要求更高的預期報酬率，以彌補承擔的風險。因此，承擔較多風險的權益資本（股票投資）投資人，通常會要求比借貸資本（金融借款）為高的報酬率。

全食市場加權平均資金成本率計算如下：

$$\text{加權平均資金成本率} = \frac{〔(借貸資金稅後成本率)×(負債市值)＋(權益資本要求報酬率)×(權益資本市值)〕}{負債市值＋權益資本市值}$$

$$= \frac{〔6.3\%×40億＋12\%×60億〕}{(40億＋60億)}$$

$$= 6.3\%×40\%＋12\%×60\%$$

$$= 9.72\%$$

全食市場三間分店的EVA®計算結果見表11-7。

表11-7

	分店稅後營業利益	−	〔(分店總資產帳面值−總流動負債帳面值)	×	加權平均資本成本率〕	=	EVA®
肯頓分店	2,500,000×(1−30%)	−	〔(20,000,000−400,000)	×	9.72%〕	=	(155,120)
布里斯托分店	3,600,000×(1−30%)	−	〔(18,000,000−1,000,000)	×	9.72%〕	=	867,600
諾丁丘分店	6,500,000×(1−30%)	−	〔(45,000,000−600,000)	×	9.72%〕	=	234,320

肯頓分店的EVA®為負值，代表肯頓分店在考慮支付稅金後，並未帶來市場資金預期的投資報酬。而諾丁丘分店帶進的營業利益金額（650萬英鎊）雖然較布里斯托分店（360萬英鎊）多出80％，但其EVA®（234,320英鎊）反而不到布里斯托分店的30%。主要原因是布里斯托分店有大量的流動負債，因此它的投入資本金額是各分店中最小者。

＊

以上計算僅是EVA®的最基本案例。若要更深入地分析，必須進行一些細部會計項目的調整。因為以EVA®的分析方法來看，一般公認會計原則往往無法精確表達企業的真實經濟情況。例如，在一般公認會計原則中，研發費用的不確定性高，在發生期間被

認列爲費用，不能當作具有未來經濟效益的資產（asset）。事實上，這些支出帶來的未來經濟效益，通常能超過一年。財務會計準則過於穩健保守的衡量方法，將使實質的經濟淨利與實際投入的資本都被低估。因此EVA®主張應把研發費用在營業利益中加回，而且要把過去直接費用化的支出轉爲資產，並分期提列攤銷費用（amortization expense）。

EVA®在觀念上的優越性被普遍接受。但實務上，由於它的計算方法較爲困難（例如必須估計加權平均資金成本率），與員工溝通時，它也不如投資報酬率淺顯易懂，因此EVA®還未被廣泛地採用。

責任中心是分權管理的利器

本章前述的討論，是將分店別視爲投資中心（investment center）來衡量投入資金以及獲利績效。在管理會計中，我們會賦予各個部門不同的任務，稱爲「責任中心」（responsibility center）。除了上述的投資中心，責任中心通常也包括成本中心、收益中心、利潤中心，簡單說明如下：

- **成本中心**（cost center）：衡量重點在於控制成本，例如全食市場的會計部門、製造業的工廠或售後維修據點等。
- **收益中心**（revenue center）：衡量重點在於該單位的收入多寡，例如全食市場的銷售部門。
- **利潤中心**（profit center）：同時產生收入及成本的單位，

例如全食市場的各家分店。

當企業劃分責任中心時,成本分攤會顯著影響責任中心的績效評估。

*

第六章討論過作業基礎成本制,成本分攤的重點是將製造費用(間接成本)分攤給個別產品。但在責任中心的制度下,會產生公司服務部門與營運部門之間的成本分攤問題。例如,全食市場的資訊中心提供服務給公司所有部門,因此它的成本必須分攤給各個營運部門(如分店),才能使績效評估合理化。這種跨部門的成本分攤,經常是企業內部關係緊張的原因。例如,對利潤中心來說,自其他部門分攤而來的成本,也算是間接成本的一部分,可能對其績效影響很大。事實上,分攤服務部門成本的機制,還是必須回歸作業基礎成本制的精神。我們必須先確認消耗服務部門資源的成本動因,才能合理地將這些服務成本分攤到相關使用單位。舉例來說,企業可用各單位使用資訊中心工程師的時數,分攤工程師團隊的服務成本;也可以各單位與公司主機連線的時間,來分攤資訊中心的電腦主機硬體成本。

責任中心不是萬靈丹

設立責任中心,再加上績效評估的壓力,好比替員工劃分戰區,指定作戰目標,可達到集中管理火力的效果。然而,責任中心並不是萬靈丹,理由如下:

1. **有些事業不適合劃分責任中心**。例如晶圓代工事業（台積電、聯電等）必須統一接單，協調分配訂單到合適的晶圓廠，以便讓整個公司的產能效益極大化。如果以各晶圓廠為單位，設立利潤中心，可能造成各廠搶訂單、爭論績效優劣、難以協調生產計畫的不利情況。相形之下，以產品為主、部門可獨立作戰的企業單位，比較容易分割為利潤中心，管理成效也比較好。以微軟為例，2002年，微軟因事業體日益龐大、權責不易劃分，決定將公司切割為7個事業體（類似利潤中心），各自安排總經理與財務長。

2. **責任中心造成本位主義**。例如工廠常被劃分為成本中心，一個聚焦於降低成本的廠長，即使面對關鍵客戶，往往也不願配合生產或維修的急單（rush order），因為這會影響工廠的成本績效。更重要的是，各單位的本位（山頭）主義，正是企業精實流程的大敵。其中一種解決之道，便是建立各單位多元化的評估模式（同時檢討成本、反應時間、品質等），而不是責任中心常用的單一指標（成本、收益或利潤）。

3. **責任中心並沒有固定的劃分方法**。例如海外的子公司可設為收益中心，也可設為利潤中心。不少企業一開始把海外子公司當成利潤中心，不久後發現一個缺點：這些子公司老是要求母公司把賣給子公司的貨品價格（即所謂的轉撥價格〔transfer price〕）壓低，好讓子公司容易獲利，反而不去積極攻占市場，形成「內鬥內行，外鬥外行」的情況。因此，海外子公司在設立初期常被定位為收益中心，好讓子公司聚焦於開拓市場，創造營收。

稅務員救了美國佳能

　　1937年成立於日本東京的佳能公司，是世界最大的辦公複印設備製造商。現任執行長御手洗富士夫（Fujio Mitarai）上任後，佳能更一舉超越新力，成爲世界市占率第1的數位相機廠商。由於富士夫的卓越成就，讓他繼豐田汽車執行長奧田碩（Hiroshi Okuda）之後，被推舉爲日本經濟團體聯合會會長（該會爲日本最重要的産業團體協會）。對於外界的讚譽，富士夫謙虛地說，今天能有這樣的成就，他最感謝一位沒沒無聞的美國國稅局稅務員葛瑞格（Greg）。

　　1966年，年輕的富士夫被指派前去紐約成立美國佳能。成立的第一年，美國佳能就在市占率及專利申請數方面斬獲不少，創造了3百萬美元營收，但申報的利潤只有6千美元。美國國稅局懷疑佳能逃稅，指派主任稽查員葛瑞格前往查帳。葛瑞格在一整個月的細心查核後，沒有發現任何不法情事。葛瑞格找了富士夫過來，提供他一個良心建議：「美國銀行的定存利率有5%，把你們的公司關了，資金存到銀行，然後回日本吧！」當時佳能的企業文化是追求技術卓越，各項研究計畫的投資毫無節制。對當時年輕氣盛的富士夫來說，葛瑞格的「建議」有如當頭棒喝。富士夫重新思考美國佳能的經營目標，他的結論很簡單：「企業經營的基本目標就是獲利！如果你不能打敗銀行定存利率，你的公司就沒有存在的意義。」之後，在富士夫擔任美國佳能總經理的11年間（1979-1989），公司每年獲利都遠高過銀行定存利率。1995年

富士夫被任命為日本佳能執行長之後，佳能的年平均營收成長率超過40％；2005年，營收及獲利也創下歷史新高，市值更是接任前的3倍。戴爾電腦董事長戴爾也和富士夫有相同的體會：「企業經營的最基本道理，就是任何一個投資的投資報酬率必須高於資金的成本！」

別忘了，企業為求成功的一切努力（即金字塔九大絕招），最後必須表現在長期優質的財務績效上。

保羅的下一個戰場

2005年6月29日，Wipro的執行長保羅（兼副董事長）悄悄地把辭職信送到了董事會。保羅告訴董事們，他已經達成當初設定讓Wipro有爆炸性成長的目標。目前Wipro獲利良好，未來成長可期，此刻他想追求人生另一個階段的目標。經過一番慰留，董事會最後還是尊重保羅的意願，批准了他的辭呈。保羅隨即加入資本雄厚的德州太平洋集團（Texas Pacific Group）創投基金。他認為，印度的下一個大型戰場會是導入生物科技（特別是醫療相關）的產業。保羅期許自己能發揮創投的力量，多培養幾個像Wipro那樣的國際級公司。

記者試探地詢問保羅，董事長普瑞吉的兒子是否準備接班、這些權力角逐是否與他的離職有關？保羅沒有正面回答這些敏感問題，他微笑地說：「站在普瑞吉的立場，他有這麼高的股權，累積了這麼多財富，我完全理解他的考量。」看來，就像所有新興經濟體系一樣，印度公司欲創造優質財務績效，除了仰賴策略

與經營能力,恐怕還得煩惱家族企業轉型等一連串公司治理的問題。

至於普瑞吉,他也拒絕評論任何家族成員接班的問題。目前他把大多數時間花在普瑞吉教育基金會。當記者問起他的致富之道,他回答:「就是教育!當你看到我的財富時,別忘了印度還有3億人每天賺不到1美元!」

參考資料

- R. Hilton, *Managerial Accounting*, 6th Edition, McGraw-Hill, 2005.

- Chandler Clay, "Canon's Big Gun," *Fortune*, vol.153, 2006.

- 施振榮,《宏碁之世紀變革:淡出製造,成就品牌》。台北:天下文化。2004年。

第三篇　總結篇

12 人才聚集武林稱雄
——創造群龍無首的續航威力

Production

1415年10月25日清晨
法國巴黎西北的艾金寇特村

Date　　Day／Night　Sync／Mute

在17天內急速行軍將近450公里，英國國王亨利五世（Henry V, 1413-1422）和他的部下已經疲憊不堪，預計只能支撐8天的口糧幾乎已經見底。在疾病及戰爭傷亡的雙重打擊下，亨利五世當初渡海征法所率領的1萬名部隊，如今只剩下5千名弓箭手和9百名步兵。他原來計畫率領殘兵敗將，由巴黎西北邊的加萊（Calais）渡過英吉利海峽返回倫敦，但是法國貴族聚集了近3萬名騎兵，打算在半途殲滅英軍。英軍因而被圍阻在艾金寇特村（Agincourt Village），大戰看來已經無法避免。亨利五世命令士兵好好地睡上一覺，英軍陣營整夜沒有動靜，法軍一度以為他們已偷偷逃走。

莎士比亞在《亨利五世》一劇中，以他的生花妙筆，描述亨利五世在清晨開戰前，如何激勵這群驚慌疲憊的兵士。這就是亨利五世著名的戰場演說（第四幕第三場）：

要是我們能生還，那麼人數愈少，光榮就愈大。上帝的意旨！我求您別希望再增添一個人。我並不貪圖金銀，也不理會是誰花了我的錢。說實話，人家穿了我的衣服，我並不煩惱。這一切身外之物全不在我心上！要是渴求榮譽也算是一種罪惡，那我就是人們當中最罪大惡極的一個了。

除了激發士兵們的榮譽感，亨利五世也對他們許諾未來的實質利益：

我們，是少數幾個人，幸運的少數幾個人。我們，是一支兄弟的隊伍——因為，今天他跟我一起流著血，他就是我的好兄弟。不論他怎樣低微卑賤，今天這個日子將會帶給他紳士的身分。

一場血腥殘酷的戰鬥後，勝負揭曉。法軍陣亡約5千名，英軍只有約2百名死亡。法軍被身處劣勢的英軍擊敗後，莎士比亞透過波旁元帥（Bourbon），生動地描述法國貴族戰敗的羞愧感：「恥辱，永遠的恥辱，除了恥辱還是恥辱！」（Shame and eventual shame, nothing but shame!）

雖然一席慷慨激昂的演說能穩定軍心，但勝利的原因沒有這麼單純。英軍的人數與裝備都遠遜於法軍，因此亨利五世在絕境中體悟，他不能只是個國王，更重要的是：他要當個「領袖」，鼓舞飢寒交迫的士兵做最後一擊。此外，即使大環境看似不利，亨利五世卻發現英軍擁有一些局部優勢。

- **天時**：艾金寇特村附近連續下了幾天豪雨，田地泥濘不堪，不利於法軍重裝甲騎兵的衝撞。
- **地利**：艾金寇特村的樹林密集，把法軍局限在9百碼的狹長地形中，互相擠撞，人數優勢無法發揮。
- **人和**：法國貴族陸續抵達戰場，沒有統一的作戰指揮，而且貪功躁進。英軍則做背水一戰，完全聽命於亨利五世。

在生死交關的決戰時刻，年輕的亨利五世自國王轉化為一個領袖——以榮譽感為核心價值、不放棄希望且具有激勵手腕。這一群身在絕境、卑微疲憊的士兵發現，和領袖一起流血，會是此生最光榮的時刻，也會帶來日後晉身貴族階層的機會。

另一個以「榮譽感」來振奮行動力的領袖，則是戰國時代的秦孝公（382-338 B.C.）。秦孝公21歲登基，這位年輕的新任「執行長」憤慨地說：「三晉（指韓、趙、魏三國）攻奪我先君（秦孝公的父親，曾是春秋五霸之一的秦穆公）河西地，諸侯卑秦，醜莫大焉……寡人思念先君之意，常痛於心。」這份榮譽感（或者是被諸侯輕視的羞辱感）讓秦孝公在執政的24年間，始終支持商鞅的激烈變法，壓制貴族階層的強烈反對與變法初期人民的不滿。至於商鞅變法的成效，便是使秦國由西北邊疆的落後國家變成「兵革大強，諸侯畏懼」的強國。

＊

本書以「企業成功金字塔」（見圖12-1）為架構，討論創造競爭力的管理思維與管理方法。然而，任何企業的成功最終取決於人才的品質。企業能否有長治久安的續航力，必須倚賴它對人才

與接棒人選的培育。純粹靠利益來激勵、驅策人才，不可能網羅
與培養真正的人才。具有高度榮譽感及責任心、能在「群龍無首」
的情況下，自動自發地追求工作價值，群策群力地完成工作目
標，才是知識經濟時代最具競爭力的人才。

卡拉揚策馬跨欄的體悟

著名的奧地利指揮家卡拉揚（Herbert von Karajan, 1908-1989）
擔任柏林愛樂音樂總監長達35年，是20世紀最有影響力的音樂家之
一。卡拉揚常和年輕指揮家分享他在策馬跨欄中領悟的智慧。卡
拉揚熱愛騎馬，還聘請私人教練指導他的馬術。在他第一次準備
騎馬跨越雙重柵欄前，他幾個晚上忐忑不安，睡不好覺。卡拉揚
心想，馬匹身軀如此巨大沉重，怎麼可能把牠騰空拉上去。他忍
不住向教練提出這個疑問，教練笑著說：「別擔心，不是你把馬
拉上去，是馬把你拱上去。你只要在馬背上坐好，雙腳一夾，韁
繩一拉，其他的事就交給馬匹了！」過了幾天，這位大指揮家卸
下心頭憂慮，把自己託付給坐騎，果然輕輕鬆鬆一舉躍過柵欄。

卡拉揚經常提醒年輕指揮家，不要一直想駕馭、控制樂團。
通常當樂曲進行到最後階段，整個樂團會處在高度興奮的狀態，
這時指揮只要給予樂團簡單的訊號，樂團就會「帶著」指揮騰空
而去，表現出超乎想像的水準。這種近乎「群龍無首」的狀態，
就是企業追求的極高境界。但是欲達到這個境界，人（領導者）
與馬（企業幹部）之間平時就必須建立極佳的默契與信任。領導
者最痛苦的事，就是必須用盡全力拉動企業這匹巨大的馬。尤其

在最艱苦危急的時刻，領導人往往沒有信心，無法完全放開自己，讓馬「帶著」自己騰空而上。不過，也別只怪馬匹無法令人信任，這是領導者平時栽培人才未步上軌道所致。反過來說，對企業幹部而言，最大的挑戰是把自己變成領導者完全信任的「馬」。鴻海董事長郭台銘先生常說：「企業有兩種人，一種人不用管，另一種人管也沒有用。」一個群龍無首的組織，組織成員必須人人具備高度榮譽感與責任心，立志做一個「不用被人管」的中堅分子。

實踐群龍無首式管理的Google

談到知識工作者的管理時，常會提到「授權」（empowerment），它指的是下放給經理人更多決策權。事實上，「啟蒙」（enlightening）是知識工作者更核心的修練，也是競爭力更深層的來源。

德國哲學家康德（Immanuel Kant, 1724-1804）對啟蒙做了以下的知名定義：「啟蒙指的是：一個人離開自己智力不成熟與依賴他人的狀態。每個人要為自己的不成熟與依賴性負責——如果成因不是因為缺乏教育，而是因為缺乏獨立思考的勇氣。勇於求知吧！有勇氣去使用自己的智力便是啟蒙的座右銘。」康德哲學思想的中心是人的自主自律（autonomy），這是知識工作者應有的特性。接下來，我以一些Google的管理方式說明啟蒙的重要性。

Google的工程師有一個夢想：「創造全世界最好的搜尋產品，而這個產品會改變人們的生活。」Google建構的組織文化與

管理實務包括：

1. **僱用最聰明、好相處的員工**：僱用員工是Google花最多時間來進行的決策，每僱用一個員工平均花費87個小時。在這個過程中，申請者與公司的互動紀錄全都被儲存下來，由一個委員會（不是人事主管）根據多元資訊來決定是否錄用。

2. **以email自由交換創意想法**：Google員工在專屬網頁上提出專案構想，創造出類似流行音樂排行榜的「100大創意構想」，並透過共識來決定它們的優先順序。當「100大創意構想」第一次運作時，Google創辦人之一的佩吉（Larry Page）有一晚自己列出這100大構想的順序，但遭到員工強烈批評。最後佩吉只好說：「我拿掉自己的排行，換你們做做看！」排行一旦決定，Google會由優先性高者開始執行。

3. **扁平化的組織結構**：過去Google的工程部門設有經理人，決定哪些計畫可以做、哪些不能做。不久後，經理人這個階層就被剔除，目前Google工程師以專案小組（接近200個）的方式進行研發，沒有任何人指導。Google相信，聰明、受到鼓舞的員工會做出對的事，而具有啟蒙精神的員工無須被別人管理。

4. **員工可自由使用20%的時間於個人選定的議題**：這種與3M相似的自由度，產生了Google News、Google Suggest等熱門產品。

5. **小型的研究計畫**：Google的創新策略是挑戰員工，讓員工不斷地轉換研究計畫。一個研究計畫通常只持續3個月，一個員工平均只會在一個位置待上1年到18個月。

這種高度彈性、自主、甚至有點隨性的管理方式，讓Google具有濃厚的「群龍無首」特色。

在康德的墓碑上刻著一段動人的銘語：「日復一日，有兩件事令我愈加景仰與敬畏：我頭上閃耀著星光的蒼天，以及我心中的道德原則。」對知識工作者而言，閃耀著星光的蒼天，是客戶顯露的市場需求；而心中的道德原則，是激勵自己實踐高度自律行為的原動力。「啟蒙」要求的不只是智力上獨立判斷的勇氣，也是倫理上「不欺於暗室」的自我節制。

做大事以找替手為先

在威爾許擔任奇異執行長的20年間（1981-2001），奇異的市場價值由120億美元增加到2千8百億美元。由於這種卓越的表現，讓威爾許擁有「20世紀最偉大的經理人」美譽。2005年，《財富》雜誌出版75週年紀念特刊，選出美國商業史上最重要的20個決策。有趣的是，威爾許做的諸多重要決策沒有一個上榜，上榜的反而是他變成奇異接班人的傳奇轉折：1981年，威爾許起初不在接班人的考慮名單內，最後卻被前任執行長瓊斯（Reg Jones）選中。

1982年，瓊斯卸下奇異執行長的重擔後，曾前往哈佛商學院演講，他在演講中說明這個出人意表的人事決策。瓊斯說：「當你開始找尋接班人時，第一要務是不要找和你同一個樣子的人。此外，你要找一個適合未來競爭環境，而不是適合現在環境的人。」威爾許與瓊斯的確非常不同。瓊斯具有會計背景，在奇異由內部稽核員做起，他接任執行長之前是集團財務長，冷靜、溫和，一派紳士風

度。威爾許是工程背景出身，熱情、急切且鋒利，與奇異當時溫吞的企業文化格格不入。若非瓊斯慧眼識英雄，排除其他董事的反對意見，威爾許恐怕沒有當上執行長的機會。

瓊斯的慧眼是從哪裡來的？瓊斯在交棒前曾擔任伯利恆鋼鐵（Bethlehem Steel）董事，他當時已經看到，美國的大型鋼鐵公司因技術、設備過時，且組織反應遲鈍，在新興國家（如日、韓）的成本優勢競爭下，開始節節敗退。那時候奇異雖然能賺錢，野火卻已燒到門口了。瓊斯因此決定，他必須挑選一個能領導奇異大規模變革的執行長。瓊斯的決定其實和清朝康熙帝挑選雍正接班一樣。康熙在位61年，極受臣子敬愛，但晚年的流弊就是他太過於寬厚，導致紀律不彰。因此，康熙也挑了一個完全不像他的人，來整頓吏治、改革租稅。康熙這個決定顯然是對的，因為清朝的國勢在康熙之後達到更高點。

瓊斯「知己之短，識人之長」的眼光與胸襟，以及他追求企業「續航力」的努力，非常值得學習。瓊斯也應證了曾國藩的真知灼見——做大事以找替手為先。

荷蘭東印度公司傳奇
——你夠國際化嗎？

2005年年底，我前往哈佛大學參加一個國際會議，我的旁邊坐了一位荷蘭學者。我私下開玩笑，要他為荷蘭當年侵略及殖民台灣道歉（1624-1662）。他回答：「那是荷蘭東印度公司的錯，和荷蘭政府無關。」我們相視而笑，因為大家心知肚明，荷蘭東

印度公司那時候就代表了荷蘭的國家利益。

1602年，14家以東印度貿易為主要業務的荷蘭公司，為避免過度商業競爭，合併設立了全球第一家股份有限公司——荷蘭東印度公司。1669年，它已經是全球最有錢有勢的私人公司，擁有150艘商船、40艘戰艦、5萬名員工、1萬名傭兵。荷蘭東印度公司的總部設在印尼雅加達，在亞洲擁有35個據點。

台灣是荷蘭東印度公司的重要據點，貢獻了公司總獲利的25％左右，僅次於日本據點的39％。荷蘭東印度公司派駐台灣的總督，每天必須記錄台灣地區的貿易及管理事務，定期彙整送交雅加達總部，再轉送回荷蘭。這些累積200年的各據點日誌紀錄，目前收藏在海牙的博物館，排列起來長達1.2公里。

現代的「經濟戰場」不靠武力，靠的是由強國主導的國際談判（如WTO）；交戰點是先進國家對智慧財產權的保護（如美國的301條款），以及各國市場的開放程度；傭兵則是熟悉談判的律師與精通國際行銷管理的經理人。荷蘭雖然不是政治大國，荷蘭經理人卻累積了數百年的國際化經驗，創建許多舉足輕重的跨國企業（如皇家荷蘭殼牌石油、飛利浦等）。

最後，這位學者又透露另一個荷蘭競爭力的祕訣：「我們沒有德國人的優越感和法國人的傲慢，我們試圖成為歐洲身段最柔軟、最能和別人相處與合作的民族。」你夠國際化嗎？企業必須具備國際級的競爭力，生存與發展才有持續力。而我們亟需培養的國際化人才，必須「軟硬兼具」——軟才能合作，硬才能競爭。

紀律、美感、氣又長

我十分欣賞台灣前輩水墨與膠彩畫家林玉山老先生（1907-2004）創作的「雙牛圖」❶。該畫創作於1941年，當時正逢二次世界大戰，林老先生為躲美軍轟炸避難鄉下，一時畫興大起，因為物資缺乏，他就地取材隨手繪於如廁用的草紙上。然而，林老先生精純的技巧超越物質條件的限制。水牛堅實穩重，充分傳達台灣土地的勤樸堅毅特質；背景的幾株仙人掌，除了顯示物質的匱乏，也展現惡劣條件下仍力求生存的韌性；而他在戰爭期間仍揮毫作畫的精神，代表創意與美感無時無處不在。過去台灣產業的強項是紀律（成本降低的功夫），未來顯然必須加強以創意與美感來創造更大的附加價值（如蘋果電腦的成功經驗）。林老先生於2004年9月辭世，高壽98歲。林老先生從事美術創作及教育長達77年，作品質量皆豐，桃李滿天下。長壽或許來自於基因，一般人未必模仿得了，但做事的「持續性」，則是操之在我。

聚焦聯結，持續稱雄

企業欲創造可長可久的持續力，除了吸引、培育優質人才之外，還必須建立制度、採用好的管理方法。過去10年來，管理會計中最重要的新方法就是平衡計分卡（balanced scorecard）。平衡計分卡與本書「企業成功金字塔」的精神完全一致，都強調「聚焦聯結」。

　　1990年，哈佛商學院柯普朗教授與諾頓教授（David Norton）對美商亞諾德半導體（Analog Devices）採用了企業計分卡（績效評估用），進行個案研究，之後將該個案延伸，於1992年正式發展出平衡計分卡的架構。他們發現，若企業只偏重財務績效指標，不足以創造企業的優質成長。他們提出「顧客」、「流程」及「學習成長」等三個非財務構面，建構出一個更完整的管理系統。

　　雖然平衡計分卡是源於績效評估的管理工具，但柯普朗等人很快就發現，與策略不協調的績效評估會產生極大盲點。例如，企業的策略重心是快速提供顧客服務，經理人卻以成本控制的成果作為績效指標，無怪乎策略不能落實。他們也發現，70％的美國企業之所以無法達成績效目標，不是因為沒有策略，而是因為只有不到5％的員工了解公司的策略。因此，柯普朗等人把平衡計分卡的層次提升為「溝通」策略的有用工具（但不是「擬定」策略的工具）。

　　事實上，平衡計分卡是更有結構的目標管理。柯普朗常說，任何企業都能利用四大財務報表來溝通其財務績效，但是公司內部在溝通整體目標、連結部門與個人目標時，沒有共同的語言及共享的平台，而平衡計分卡就是要提供一個標準化的平台。

　　平衡計分卡由企業的願景、價值及策略出發，透過顧客（customer）、員工學習與成長（learning and growth）、內部流程（internal process）、財務（financial）等四個構面目標和衡量指標的連結，造成「聚焦聯結」的效果。以下簡要說明這四個構面。

顧客構面（本書第三章）

　　企業管理的核心議題，是針對特定顧客發展出服務此顧客的獨特價值主張（unique value proposition）。企業有三種常見的價值主張：

　　1. **以營運效率**（operational excellence）**服務顧客**：例如沃爾瑪。這類組織致力於追求營運績效，降低價格、增加便利性，但捨棄過度包裝及客製化服務。

　　2. **以產品領導**（product leadership）**服務顧客**：例如耐吉和義大利精品亞曼尼（Armani）。這類組織通常會行銷自己開發的尖端產品，創新與品質是成功的關鍵因素。

　　3. **以親近性**（customer intimacy）**服務顧客**：例如麥肯錫管理顧問公司（McKinsey & Company）。這類組織強調客製化是親近客戶、建立長期客戶關係的最重要方法。

　　一般而言，企業很難完全聚焦於某一項價值主張。此時，企業必須選定一項核心價值主張，其餘的維持在一定水準。例如，速食店追求營運效率、快速反應，但口味也須維持在一定水準。

學習與成長構面（本書第四章至第七章）

　　員工的學習與成長，是平衡計分卡其他三個構面的基礎。重視基本功的企業，才能維持企業持續的優質成長。本書強調每個員工都必須具有成本意識，以及成本分析、規畫溝通（如預算）

等最基礎的管理能力。員工的學習成長不是光看學習小時多寡，而是持續充實、改善服務顧客的關鍵技能。

內部流程構面（本書第八章至第十章）

為實現獨特的顧客價值，企業必須建置優質的關鍵流程。例如，日本7-11為因應城市顧客的快節奏生活步調，發展出利用多元化交通工具、一天補貨3次的供應鏈管理流程。這套流程反應靈敏，連神戶大地震都無法將之癱瘓（見第八章）。

財務構面（本書第十一章）

財務指標是企業經營活動成果的顯現，通常是落後（lagging）指標。例如，企業以銷貨收入、淨利、現金流量、股東權益報酬率等財務數字，衡量是否呈現優質成長。

＊

平衡計分卡強調由員工的學習成長來改善企業內部流程，進而滿足顧客需求，創造優質財務成果。這四個構面環環相扣，不可偏廢。平衡計分卡與「企業成功金字塔」的關聯性，見圖12-1。

企業的願景與價值
——口號還是真正的信仰？

平衡計分卡不只是管理工具，背後還必須有企業無形的願景（vision）和價值（value）為支撐。以下是某個世界知名公司的願景和企業價值：

圖12-1　平衡計分卡與企業成功金字塔

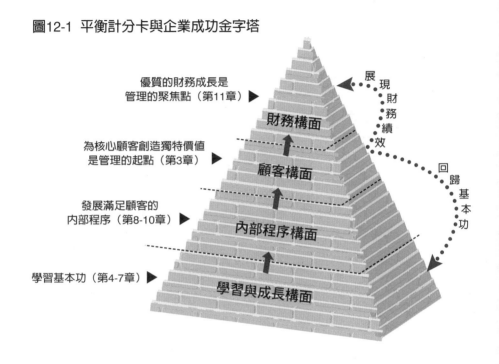

優質的財務成長是
管理的聚焦點（第11章）▶

財務構面

展
現
財
務
績
效

為核心顧客創造獨特價值
是管理的起點（第3章）▶

顧客構面

回
歸
基
本
功

發展滿足顧客的
內部程序（第8-10章）▶

內部程序構面

學習基本功（第4-7章）▶

學習與成長構面

● **願景**：成為世界級的領導公司。在成長的經濟體系中，提
　供創新、有效率的解決方案，並創造一個更美好的環境。

● **企業價值**：尊重、誠信、溝通、卓越。

　　這個願景與企業價值看來十分堂皇，但這家公司正是惡名昭
彰的安隆（Enron）——一個曾是全美第7大企業、全球最大的能源
公司。2001年12月，安隆因財務舞弊迅速宣告破產。5年後，長篇
紀錄片《安隆風暴》（*Enron: The Smartest Guys in the Room*）入圍
第78屆奧斯卡。在該片中，安隆的前能源交易員自述：「安隆的

企業精神之一『問爲什麼』（ask why），都被大家遺忘了。當公司的獲利目標看似永遠亮麗時，沒有人敢質疑。我們都身陷於財務獎酬機制的泥沼之中。」在安隆，堂皇的願景與價值只是口號。

圖12-2 安隆商標

但在某些企業，願景與企業價值是競爭力的活水源頭。全球零售業龍頭沃爾瑪前副總裁索德奎斯（Don Soderquist）曾說，沃爾瑪的願景不是爲了財務目標，而是爲了服務人群；沃爾瑪根據核心價值所創造的企業文化，是造就它成功的最重要因素。在台灣，台積電以誠信（integrity）作爲企業最重要的價值觀，並以卓越的公司治理機制著稱；信義房屋則以實踐「信義立業」，作爲房屋仲介的最高守則。由於這些企業確實實踐自己主張的願景與價值，這些抽象的觀念就會成爲競爭力的重要來源。

非財務指標的威力

本書和平衡計分卡皆討論大量的「非財務指標」（顧客、流程、學習成長等構面），因爲它們是財務績效的領先指標（leading indicator），而且在財報分析成爲顯學前，就有非常廣泛的應用。

秦朝嚴厲的非財務指標

1975年，中國考古學家在湖北省雲夢縣發現一座古墓。古墓的主人名叫「喜」，是秦國的小書吏（地方法律秘書）。有趣的

是，他的棺木中除了屍骨之外，全都是大大小小的竹簡，共有100多枚。由於棺木一直浸沒在溫度恆定的地下水中，竹簡沒有腐爛，字跡依然清晰可辨。秦朝以法律嚴峻著稱，但是法律的具體內容史書上並不多見。這位敬業的「公務員」把秦國繁雜的法律一一抄寫在竹簡上，告訴兩千年後的我們，秦朝多麼重視「非財務指標」，例如：

1. 各縣必須明確登記耕牛數量，如果飼養不當，1年死3頭牛以上，養牛者嚴罰，縣令等長官連坐；負責飼養10頭成年母牛者，如果其中6頭不生小牛，飼主與相關人員也要一併懲處。

2. 商鞅實施所謂的「首功制」，細節包括：斬殺敵人首級1個，就可獲得爵位1級，田宅1處，僕人數個；斬殺敵人2個首級，身陷牢獄的父母就可立即成為自由人，如果妻子是奴隸也可轉為平民等。

3. 「喜」曾記載一個竊盜案：某位士兵一覺醒來，發現他砍殺的2顆敵人首級不翼而飛，他憤怒地指控另一個士兵偷竊他的「戰果」。經由這一件小事，我們便能理解何以魯仲連（305-245 B.C.）對秦國如此厭惡：「彼秦者，棄禮義而上首功之國也。彼即肆然而為帝於天下，則連有蹈東海而死耳，不願為之民也。」（《史記·魯仲連鄒陽列傳》）在如此嚴厲的「績效制度」下，秦兵因而成為真正的「狼虎之師」，併吞了其他各國。但秦國也和這些國家結下血海深仇，無法長期統治。

魂斷布根地的指標

2002年2月24日，法國名廚盧索瓦（Bernard Loiseau）在布根地自宅以獵槍自殺，享年僅52歲。盧索瓦出身微寒，後來成為法國新廚藝運動的領導人。他強調以水和食材本身的原汁製成醬汁，取代法國傳統料理大量使用鮮奶油和牛油的濃稠口味。1991年，法國米其林美食評鑑終於頒給他第3顆星星（代表絕頂的廚藝）；接著，著名的專業廚藝雜誌《頂級廚師》（*Le Chef*）錦上添花，送上「年度最佳廚師」的頭銜，連美國的《紐約時報》都拿他當頭版標題人物，讓盧索瓦的名氣響徹世界。

造成盧索瓦輕生的原因，一般認為是他遭到法國另一個美食權威評鑑《戈米蘭指南》（*Gault Millau*）調降其「金岸餐廳」的評分（由19分調降到17分，滿分是20分）。盧索瓦的反應或許過分激烈，但對一個具高度榮譽感的專業人士來說，這種非財務指標足以令他「生死與共」，顯然比金錢更重要。

善用非財務指標

非財務指標對提升企業經營績效功效卓著，但它也不是萬靈丹。請看以下兩則有趣的例子。

飛奔的第一件行李

著名的管理學者班克（Rajiv Banker），是我在美國念書時的老師。幾年前他來台灣訪問講學，在閒聊中告訴我一件趣事。他

曾搭乘英國航空的飛機前往倫敦，飛機在希斯洛機場（Heathrow Airport）降落後，只見英航的行李搬運車飛快地衝出來，開始卸下機艙內的行李。正當他驚嘆於英航工作效率的提升時，只見工作人員卸下3、4件行李後，又快速飛奔回去。他十分錯愕，好奇地詢問工作人員。原來那時英航實施新的績效評估制度，在飛機停妥後，以搬上輸送帶第1件行李的時間為績效指標。採用這種績效制度，顯然產生不恰當的行為後果。

好警察是神槍手？

美國德州達拉斯市的警察局，進行過以下績效評估的革新：唯恐警察疏於訓練，警察局局長以提升射擊能力為主要績效目標。這個目標有兩項具體可行處：（1）射擊能力可利用打靶的成績來衡量，相當具體；（2）打靶成績的進步與打靶練習的次數十分相關，因此警察不會有「努力卻得不到收穫」的挫折感。但是，這個績效目標有一個基本的問題：射擊是否為警察辦案最重要的能力？事實上，對嫌犯開槍射擊是警察最不希望發生的事，因為警察希望在不傷害嫌犯的前提下，達到逮捕的目的。經過一番檢討，達拉斯市警察局發現，嫌犯逃脫的原因多半因為警察跑得太慢（太胖了）。因此，跑步、減肥、對嫌犯進行心戰喊話的協商技巧，反而成為後續績效評估的重要項目。

避免誤用非財務指標

造成非財務指標無法達成既定目標，這裡歸納出四個原因：

1. **指標未與公司策略結合**。柯普朗有句名言：「衡量什麼，就得到什麼。」（What you measure is what you get!）績效指標一旦選定，在績效評估的壓力下，員工的行為將受衡量的項目所引導，而績效評估的力量也可能被誤用。例如，企業以追求精緻服務品質為策略目標，但員工的績效評估卻以成本控制為主，自然會發生指標與策略脫節的現象。

2. **未對因果關係加以驗證**。會出現這種現象，主要是因為管理階層「想當然耳」的思維，例如：提升客戶滿意度是否一定造成企業獲利增加？這種因果關係通常是對的。但是，第六章的顧客別獲利分析告訴我們，為提升某些顧客的滿意度，會造成太高的營運成本，甚至使企業發生嚴重虧損。因此，經理人必須對管理活動與財務成果的因果關係加以驗證。

3. **未訂定合理的績效目標**。邊際成本遞增的現象，將使得追求特定非財務指標的效益逐漸下降。例如，當客戶滿意度達到一定水準後，即使滿意度繼續提高，並不能使企業的收入、獲利有顯著成長。因此，達到100%的滿意度不一定是合理的目標，著名的小華盛頓棧也只追求9分的「心情分數」。

4. **評估指標的方法不正確**。在績效指標資料蒐集與解釋的過程中，些許細節的疏忽就會造成不合理的結果。例如，以破案率（偵破案件÷通報案件）來衡量警察績效，若不能杜絕以吃案（減少通報案件）來提升破案率的情況發生，這種指標便毫無用處。如果進行員工滿意度調查，一旦樣本太小，員工擔心自己的身分暴露出來，往往會虛增滿意度。因此，實施問卷調查的人數與執行細節都必須審慎處理。

＊

如欲利用非財務績效指標發揮「聚焦聯結」的威力，必須依循以下六個步驟：

1. 建立非財務指標與財務績效間的因果模式。（例如顧客滿意度上升可以增加獲利。）
2. 蒐集並彙整資料（例如棒球球團蒐集打擊率、防禦率等資料）。
3. 將資料轉化為資訊（例如將打擊率或上壘率轉換成對得分的影響）。
4. 持續改善因果模式的精確性。
5. 基於前述四項的研究成果展開行動。
6. 最後，一定要評估行動的成果。

反覆磨練上述六個步驟，企業就容易練就在武林「持續稱雄」的管理功夫。

用心，在看不到的細節處

在前著《財報就像一本故事書》中，我討論了如何由財報數字解析企業競爭力，亦即所謂的「外功」；在這本書中，我探索了造成財報數字的各種關鍵管理活動，亦即所謂的「內功」。「欲練神功，內外貫通，聚焦聯結，武林稱雄」便是由紮實的管理活動出發，創造長久企業價值的不二法門。

談到長久價值,極少產品「抗衰老」的能力如名片《亂世佳人》(*Gone with the Wind*,1939年出品)。《亂世佳人》是部叫好又叫座的電影。1998年,美國電影學院(American Film Institute)投票選出美國影史前100大的經典佳片,《亂世佳人》排名第4(前3名分別爲《大國民》、《北非諜影》、《教父》)。根據2005年的一項統計顯示,《亂世佳人》在出品後的60多年間,曾隆重上映7次,調整過物價因素後,它成爲美國影史上最賣座的巨片。

1989年,正逢《亂世佳人》上映50週年,媒體訪問當時仍然在世的少數演員,回憶拍片過程的花絮。當時飾演女主角郝思佳妹妹的凱絲(Evelyn Keyes),提到她印象最深刻的一段往事。凱絲那時只有18歲,有一次她忍不住詢問製片賽茲尼克(David Selznick),爲什麼她們每一個女孩的襯裙與緊身馬甲,都用最高檔的材質?凱絲問:「觀眾不是看不到我們戲服下面的穿著嗎?」賽茲尼克拍拍她的肩膀,笑著說:「別忘了,妳們都是美國南方大戶人家的千金小姐!」多年後,當她的演藝經驗比較豐富了,她才理解賽茲尼克的想法:即使她們是一群配角,還是不惜透過精緻高級的內衣,讓她們徹底融入當時南方富家千金的心情中。顯然,在拍攝這部經典名片時,賽茲尼克注意的不只是細節,還包括「看不到」的細節。

✳

管理要像一部好電影,經理人拍它時,必須致力於看不到的細節,才可能感動觀眾(投資人),進而創造出可長可久的競爭優勢。當投資人看待企業時,除了分析各項財報數字外,也必須懂得去檢驗企業「看不到」的學習能力與精實的管理流程。

　　英國詩人濟慈（John Keats, 1795-1821）有一首深受喜愛的詩，它歌頌：「美好的事物是永恆的喜悅，它的可愛持續滋長，絕對不會消失無蹤！」經理人應該效法《亂世佳人》拍攝時的用心，讓企業價值不僅不會消失無蹤，更能持續增長。

作者注

❶「雙牛圖」現由台北市立美術館收藏，線上賞析網址為http://www.tfam.gov.tw/download/outfrm_01.asp?Down_no=10387

參考資料

● R. S. Kaplan and D. P. Norton, *The Balanced Scorecard: Translating Strategy into Action*, Harvard Business School Press, 1996.

● R. S. Kaplan and D. P. Norton, *The Strategy-Focused Organization: How Balanced Scorecard Companies Thrive in the New Business Environment*, Harvard Business School Press, 2000.

● R. S. Kaplan and D. P. Norton, *Strategy Maps: Converting Intangible Assets into Tangible Outcomes*, Harvard Business School Press, 2004.

● R. S. Kaplan and D. P. Norton, "How to Implement a New Strategy without Disrupting Your Organization," *Harvard Business Review*, March 1, 2006.

● Christopher Ittner and David Larcker, "Coming Up Short on Nonfinancial Performance Measurement," *Harvard Business Review*, November 1, 2003.

BIG叢書 ⑯
管理要像一部好電影——靈活創造企業競爭力

作　　者－劉順仁
主　　編－陳旭華
編　　輯－苗之珊
美術編輯－許立人
活動企畫－林毓瑜

總 編 輯－余宜芳
發 行 人－趙政岷
出 版 者－時報文化出版企業股份有限公司
　　　　　10803台北市和平西路三段二四〇號三樓
　　　　　發行專線－（〇二）二三〇六－六八四二
　　　　　讀者服務專線－〇八〇〇－二三一一七〇五‧（〇二）二三〇四－七一〇三
　　　　　讀者服務傳眞－（〇二）二三〇四－六八五八
　　　　　郵撥－一九三四四七二四時報文化出版公司
　　　　　信箱－台北郵政七九～九九信箱
時報悅讀網－http://www.readingtimes.com.tw
法律顧問－理律法律事務所　陳長文、李念祖律師
印　　刷－盈昌印刷有限公司
初版一刷－二〇〇六年六月五日
初版十四刷－二〇一八年八月二十一日
定　　價－新台幣三〇〇元
（缺頁或破損的書，請寄回更換）

ISBN 978-957-13-4483-6
Printed in Taiwan

國家圖書館出版品預行編目資料

管理要像一部好電影／劉順仁作．-- 初版．--
臺北市：時報文化， 2006〔民95〕
面： 公分．-- (Big叢書；162)

ISBN 957-13-4483-4（平裝）

1. 企業管理

494   95008626